Sitzungsberichte
der Akademie der Wissenschaften
der DDR
Mathematik – Naturwissenschaften – Technik

11 N

1986

Ergebnisse und Perspektiven geographischer und kartographischer Forschungen

AKADEMIE-VERLAG BERLIN

Sitzungsberichte
der Akademie der Wissenschaften
der DDR
Mathematik – Naturwissenschaften – Technik

Jahrgang 1986 · Nr. 11/N

Ergebnisse und Perspektiven geographischer und kartographischer Forschungen

AKADEMIE-VERLAG BERLIN
1987

Festkolloquium der Akademie der Wissenschaften der DDR und der Sächsischen Akademie der Wissenschaften zu Leipzig am 25. März 1985 anläßlich des 80. Geburtstages von Edgar Lehmann, Ordentliches Mitglied der Akademie der Wissenschaften der DDR, Ordentliches Mitglied der Sächsischen Akademie der Wissenschaften zu Leipzig

Herausgegeben im Auftrage
des Präsidenten der Akademie
der Wissenschaften der DDR
von Vizepräsident Prof. Dr. Heinz Stiller

ISBN 3-05-500 212-1
ISSN 0138-3965

Erschienen im Akademie-Verlag Berlin, DDR-1086 Berlin, Leipziger Str. 3-4

Lizenznummer: 202 · 100/352/87
Printed in the German Democratic Republic
Gesamtherstellung: VEB Druckhaus Köthen
LSV 5105
Bestellnummer: 763 658 3 (2010/86/11/N)
001000

Inhalt

Werner Bahner

Laudatio

Es ist mir eine hohe Ehre und eine besondere Freude, die heutige wissenschaftliche Veranstaltung mit einer knappen Würdigung unseres hochgeschätzten Mitgliedes, Herrn Professor Edgar Lehmann, zu eröffnen. Hierbei werde ich mich vorrangig auf die sehr fruchtbare und äußerst verdienstvolle Tätigkeit des Jubilars an der Sächsischen Akademie der Wissenschaften beziehen.

Sehr verehrter, lieber Herr Lehmann!

Von März 1971 bis November 1984 übten Sie an unserer Akademie das Amt des Vizepräsidenten mit großem Ideenreichtum und bemerkenswerter Einsatzbereitschaft aus. Mit Ihren reichen Erfahrungen, Ihrem menschlichen Verständnis und Taktgefühl, Ihrer steten Aufgeschlossenheit für sich neu anbahnende Entwicklungen und Ihrem eifrigen Bemühen, übergreifende interdisziplinäre Kontakte herzustellen und zu beleben, haben Sie in jenen 14 Jahren maßgeblichen Einfluß auf die Entwicklung unserer Akademie genommen. Sie wurden zum Vizepräsidenten zu einem Zeitpunkt gewählt, als mit der am 3. Februar 1971 erfolgten Verabschiedung des neuen Statuts unserer Akademie eine Phase kritischer Besinnung über den von unserer Akademie einzuschlagenden Weg zu Ende ging. Ihre Wahl war damals ein besonderer Vertrauensbeweis, dem Sie in den folgenden Jahren stets durch Ihre persönliche Lauterkeit und Ihr humanistisches Wissenschaftsverständnis voll entsprochen haben. Mit sicherem Blick haben Sie früh die Bedeutung einer „Gelehrten Gesellschaft" wie unserer Akademie in der heutigen Zeit erkannt und sich hierfür immer wieder eingesetzt. Bereits am 17. April 1971, in Ihrem ersten Bericht über den Stand der Arbeiten, hoben Sie nachdrücklich hervor, daß die an unserer Akademie betriebene Forschung von einer wissenschaftlichen Gemeinschaft getragen wird, die „durch die bewußt und nachhaltig gepflegte Kommunikation eine interdisziplinär wirkende Zündung in die immer mit hohen Risiken verbundenen wissenschaftlichen Forschungen einzubringen bemüht ist". Zugleich machten Sie darauf aufmerksam, daß die Sächsische Akademie der Wissenschaften (SAW) ihre Wirkungskraft durch verantwortungsbewußte Auseinandersetzung mit Grundfragen der Gegenwart unter dem Aspekt natur- und gesellschaftswissenschaftlicher Problemstellungen steigern könne, und bemühten sich in den folgenden Jahren in diesem Sinne als Vizepräsident zu wirken.

Im interdisziplinären Dialog erblicken Sie mit Recht eine wichtige Funktion gelehrter Gesellschaften in unserer Zeit. In der Öffentlichen Sitzung vom 2. April 1976 formulierten Sie einmal recht treffend, daß in der SAW in einem noch überschaubaren, persönlichen Kontaktrahmen eine günstige Basis besteht, um im Fluß der Kontinuität markante Wandlungen, Diskontinuitäten zu entdecken, von denen aus zu neuen Erkenntnissen und Vorstellungen vorgestoßen werden kann und eine wechselseitige Kenntnisnahme von Methoden erfolgt. In Ihren in den Öffentlichen Frühjahrssitzungen vorgetragenen Berichten über den Stand der Arbeiten verstanden Sie es meisterhaft, die interdisziplinären Aspekte zu verdeutlichen und in übergreifende Aufgabenstellungen einzuordnen. Dabei schenkten Sie den Mensch-Umwelt-Beziehungen ganz besondere Aufmerksamkeit.

Mit Ihrer am 7. Dezember 1959 erfolgten Zuwahl als Ordentliches Mitglied der philologisch-historischen Klasse erhielt die auf bemerkenswerten Traditionen fußende geographische Forschung an der SAW eine wesentliche Verstärkung, da nun sowohl die Kartographie als auch die historische Betrachtungsweise im interdisziplinären Dialog gebührend zur Geltung kam. Bereits bei der Gründung unserer Akademie im Jahre 1846 war die Geographie durch August Ukert vertreten. Als die Geographie im letzten Drittel des 19. Jahrhunderts an der Leipziger Universität einen international vielbeachteten Aufschwung nahm, gehörten ihre herausragendsten Vertreter als Ordentliche Mitglieder unserer Akademie an, so Ferdinand von Richthofen, Hugo Berger, Josef Partsch und Friedrich Ratzel.

Lieber Herr Lehmann!

Es ist wohl bis heute für Ihre fruchtbare Tätigkeit in der SAW charakteristisch, daß Sie außer im Plenum, das Sie selbst vor wenigen Jahren als lebensvollen Kern der Akademie bezeichnet haben, sowohl in der Historischen Kommission als auch in der Kommission für spezielle Umweltprobleme in anregender und förderlicher Weise wirksam waren und noch sind. Als Vortragender und Diskussionsredner haben Sie häufig mit anregenden, vielbeachteten Beiträgen zur wissenschaftlichen Diskussion im Kreis der Mitglieder beigetragen. So hielten Sie zwischen 1961 und 1982 allein 5 Plenarvorträge, einen Vortrag anläßlich der Öffentlichen Sitzungen und einen Festvortrag zur 125-Jahrfeier unserer Akademie. In den Themen dieser Vorträge kamen in beeindruckender Weise Ihre Arbeitsgebiete zum Tragen, wurden wichtige aktuelle Fragestellungen der Kartographie, der Siedlungs- und Sozialgeographie mit Blick auf die Mensch-Umweltbeziehungen und im Rückgriff auf fortschrittliche Traditionen des wissenschaftlichen Erbes behandelt. Dabei war stets spürbar, wie sich genaue Beobachtung, logische Durchdringung des Ganzen, Bezugnahme auf wissenschaftliche Nachbarbereiche unter besonderer Beachtung der interdisziplinären Nahtstellen mit einer ausgeprägten humanistischen Grundhaltung auf glückliche Weise vereinten. Ihr erster Vortrag in unserer Akademie behandelte Probleme der Atlaskartographie. Daran schlossen sich auf kartographischem Gebiet in den folgenden Jahren an die Vorträge über „Der Wert thematischer Karten für Kommunikation und Erkenntnis" und über „Die Typisierung größerer Erdräume". Hier trat sehr deutlich Ihr Bestreben zutage, anhand komplexer thematischer Karten ein ausgewogenes Verhältnis von Analyse und Synthese zu erreichen und bei aller zur wissenschaftlichen Vertiefung nötigen Abstraktion nicht die Anschaulichkeit aus dem Blickfeld zu verlieren. Unter regional-siedlungsgeschichtlichem Aspekt standen Ihre Vorträge „Die Industrie- und Bevölkerungsagglomeration im Halle-Leipziger Gebiet" und „Territoriale Flächennutzung". Darin erhellten Sie in beeindruckender Weise die Beziehungen zwischen einem bestimmten Raum und seiner Geschichte, erweiterten Sie den Querschnitt zu einem Längsschnitt und arbeiteten die hier in vielfältiger Weise verknüpften ursächlichen Zusammenhänge heraus. Von dieser Zusammenschau lenkten Sie den Blick auf territoriale Auswirkungen von Umweltstörungen, des Umweltschutzes oder der optimalen Gestaltung der Umwelt in Ihrem am 10. Dezember 1973 gehaltenen Vortrag „Die Kartographie als Hilfsmittel der Umweltforschung". Noch in lebhafter Erinnerung habe ich auch Ihren schönen Vortrag anläßlich der 125-Jahrfeier unserer Akademie über „Immaterielle Werte der Umweltgestaltung".

Diese Aufzählung Ihrer Aktivitäten in der SAW wäre unvollständig, würde ich nicht auch Ihr Wirken in unserer Historischen Kommission seit Anfang der fünfziger Jahre erwähnen, speziell Ihre tatkräftigen Bemühungen um die Herausgabe des Historischen Atlas von Sachsen.

Immer wieder war es beeindruckend für mich, wie Sie es bei der Erschließung des wissenschaftlichen Erbes verstanden, ein Gesamtbild der betreffenden Persönlichkeit zu zeichnen, die damals erzielten wissenschaftlichen Ergebnisse und Aspirationen allseitig betrachteten, diese in den Fluß bis heute lebendiger Auseinandersetzungen um die vertiefte Erkenntnis des jeweiligen Gegenstandsbereiches hineinstellten und einordneten sowie zugleich ein von den übergreifenden gesellschaftlichen Kämpfen geprägtes geistig-kulturelles Gesamtbild zu vermitteln suchten, in dem die individuellen Züge beispielsweise eines Carl Ritter oder Alexander von Humboldt nicht verloren gingen, vielmehr sehr plastisch hervortraten.

Wir freuen uns, daß Sie Ihre beachtlichen Forschungen auch jetzt noch unvermindert weiter betreiben und wie eh und je weiterhin aufgeschlossen sind für alles Neue, ohne das Bewährte aufzugeben und als unentbehrliche Grundlage zu begreifen. Als Sie am 16. April 1982 in Ihrem Bericht über den Stand der Arbeiten an der SAW auf die gerontologischen Forschungen eingingen, nahmen Sie auf Giuseppe Verdi Bezug, der seine weltberühmte Oper „Othello" (1887) im 74. Lebensjahr vollendete und 6 Jahre später, wie Sie selbst prägnant formulierten, „mit seinem strahlend-heiteren Musikwerk ‚Falstaff' die musikbeflissene europäische Öffentlichkeit überraschte." Auch Sie, lieber Herr Lehmann, zeigen immer wieder in Ihrer vielfältigen wissenschaftlichen Betätigung eine erstaunliche und bewundernswerte Regsamkeit, die zahlreichen jüngeren Kollegen Vorbild und Ansporn ist. Möge Ihnen, sehr verehrter, lieber Herr Lehmann, die Freude an der Forschung noch lange Jahre erhalten bleiben und geistige wie körperliche Frische Ihre bewundernswerte Schaffenskraft begleiten.

Das Präsidium der Sächsischen Akademie der Wissenschaften verleiht Ihnen für Ihre langjährigen hohen Verdienste um die Förderung und Entwicklung unserer Akademie, die

Moritz-Wilhelm-Drobisch-Medaille.

Es ist mir eine ganz besondere Freude, Ihnen diese zum Abschluß meiner Ausführungen überreichen zu können.

Heinz Stiller

Laudatio

Sehr geehrter, lieber Herr Lehmann!

Es ist mir eine ganz besondere Freude, an Ihrem Ehrentage heute sprechen zu dürfen, nachdem ich in so vielen Jahren enger Zusammenarbeit in vielen Situationen Ihren Rat und Ihre Meinung hören konnte, die mir immer sehr viel bedeuteten. Es ist bestimmt nicht übertrieben, wenn ich annehme, daß dies auch für den größten Teil der hier Anwesenden gilt, wenn nicht sogar für alle!

Ihre Persönlichkeit, lieber Herr Lehmann, zu würdigen, bedeutet ein breites, interdisziplinäres wissenschaftliches Wirkungsfeld zu betrachten. Geographie und Kartographie sind die Wissensdisziplinen, die Ihr Engagement in hohem Maße herausforderten und damit Ihre Wissenschaftlerpersönlichkeit wesentlich formten. Sie boten zugleich die Basis für das Hineindenken in interdisziplinäre Fragestellungen weit über Ihre eigenen Fachgebiete hinaus, wie sie Ihre hohen akademischen Ämter und die damit verbundenen Leitungsaufgaben z. B. als Vorsitzender der Klasse Umweltschutz und Umweltgestaltung forderten.

Sie waren ab 1950 fast zwanzig Jahre hindurch Direktor des ehemaligen Deutschen Instituts für Länderkunde in Leipzig, aus dem durch Ihre Weitsicht und Ihr hohes persönliches Engagement 1969 das Geographische Institut der Akademie der Wissenschaften der DDR hervorging. Als Direktor beeinflußten Sie maßgeblich die wissenschaftliche Orientierung dieses neuen Instituts, die in der nationalen und internationalen Ausstrahlung des heutigen Instituts für Geographie und Geoökologie auch weiterhin nachklingt.

Als Hochschullehrer hielten Sie in den fünfziger und sechziger Jahren geographische Vorlesungen an der Leipziger Karl-Marx-Universität und waren über eine Reihe von Jahren der Direktor des Geographischen Instituts. Sie gaben als Vorsitzender der Sektion Geographie bei der Akademie der Wissenschaften in den 60er Jahren entscheidende Impulse für die Entwicklung einer praxisrelevanten geographischen Forschung in der DDR und waren Gründungsmitglied der Geographischen Gesellschaft der DDR, in deren Hauptvorstand Sie nach wie vor aktiv tätig sind.

Ihr Wort besaß im Beirat für Geographie beim Ministerium für das Hoch- und Fachschulwesen über eine lange Reihe von Jahren hinweg großes Gewicht. Und nicht zuletzt waren Sie es, der 1960 auf dem Weltkongreß der Geographen in Stockholm als Leiter der DDR-Delegation den Antrag zur Aufnahme der DDR in die Internationale Geographische Union einbrachte und das positive Abstimmungsergebnis durch persönliche Ausstrahlungskraft wesentlich beeinflußte.

Aus diesem, Ihrem Wirken, lieber Herr Lehmann, könnte man entnehmen, Sie seien zuerst und vor allem ein Geograph gewesen. Ein Blick jedoch auf Ihre Publikationen, Ihr Wirken in den genannten und in anderen Gremien, Ihr gesamtes Lebenswerk und insbesondere der „Atlas Deutsche Demokratische Republik", für den Ihnen mit einem Kollektiv von Geographen und Kartographen der Nationalpreis der Deutschen Demokratischen Republik verliehen worden ist, stellen den Kartographen dem Geographen gleichrangig zur Seite.

Wie Sie selbst kürzlich in einem Erlebens-, Erfahrens- und Erkenntnisbericht in der Akademie-Zeitschrift „spectrum" schrieben, waren es Karten, die schon in Ihrer Schulzeit die Phantasie beflügelten. Als Student der Geographie und Geologie, der Geschichte und Philosophie drängte es Sie, die geographische Vielfalt in Ländern und Regionen in komplexen thematischen Karten zu erfassen, „die die Isolierung der dargestellten Objekte vom landschaftlichen Gesamtzusammenhang sowie wie möglich vermieden." In Ihrer mehrjährigen Tätigkeit als Leiter der Kartographischen Abteilung am Bibliographischen Institut in Leipzig konnten Sie einige dieser Ideen verwirklichen. Weit besser wurden die Bedingungen dafür jedoch erst nach dem II. Weltkrieg. Der außerordentlich erfolgreiche Atlas „Die Staaten der Erde und ihre Wirtschaft" mit einer Auflage von einer dreiviertel Million Exemplaren und dann der „Atlas Deutsche Demokratische Republik" gaben die Möglichkeit zu schöpferischer Umsetzung früher Ideen.

Ihr wissenschaftliches Werk, lieber Herr Lehmann, fand in vielen Ehrungen und Auszeichnungen hohe Anerkennung und Wertschätzung. Unser Staat würdigte Ihre hervorragenden Leistungen mit der Verleihung des Nationalpreises – wie ich schon erwähnte – und des Vaterländischen Verdienstordens sowie weiterer hoher Auszeichnungen. Bereits 1959 wurden Sie zum Korrespondierenden Mitglied und 1961 zum Ordentlichen Mitglied der Akademie der Wissenschaften der DDR gewählt. Als Mitglied unserer Akademie haben Sie das wissenschaftliche Leben im Plenum und in den Klassen in hohem Maße mitgestaltet und befruchtet. Für alle, die daran teilhaben konnten, wird Ihr Festvortrag anläßlich der Alexander-von-Humboldt-Ehrung in der DDR in hervorragender Erinnerung bleiben. Dieser Vortrag über Wesen und Werk Alexander von Humboldts war durch Ihre persönliche Art und Ihr Engagement ein beeindruckendes Erlebnis.

Besonders zu würdigen ist auch Ihr fast 20jähriges Wirken als Sekretar bzw. Vorsitzender einer Klasse unserer Akademie. Bereits seit 1963 bis zur Akademiereform waren Sie Sekretar der Klasse für Chemie, Geologie und

Biologie und seit Gründung der problemgebundenen Klasse „Optimale Gestaltung der Umweltbedingungen (Mensch u. Umwelt)" am 8. April 1971, die 1973 als Klasse Umweltschutz und Umweltgestaltung die Arbeit fortsetzte, bis 1985 deren Vorsitzender. In diesen verantwortungsvollen Funktionen haben Sie wesentlich dazu beigetragen, einen fruchtbaren wissenschaftlichen Meinungsstreit und einen erfolgreichen Erfahrungsaustausch in der Klasse selbst, mit anderen Klassen und auch im Plenum zu führen. Sie haben stets den interdisziplinären Erfahrungsaustausch durch eine enge Verbindung mit den Klassen Chemie, Biowissenschaften, Medizin, Physik, Geo- und Kosmoswissenschaften und Gesellschaftswissenschaften angeregt und gefördert. Darüber hinaus wurde die Zusammenarbeit mit verschiedenen wissenschaftlichen Einrichtungen und Institutionen der DDR gepflegt, insbesondere mit der Bauakademie, der Akademie der Landwirtschaftswissenschaften und wissenschaftlichen Gesellschaften.

Ein fester Bestandteil der Arbeit der Klasse Umweltschutz und Umweltgestaltung war z. B. über viele Jahre hinweg die Durchführung von Beratungen und Kolloquien mit der Sektion Städtebau und Architektur der Bauakademie der DDR. Dabei wurden vielfältige Probleme der Stadt-Umland-Beziehungen mit dem Ziel diskutiert, Ansatzpunkte für die Bearbeitung von Leitbildern und Modellen für eine optimale Umweltgestaltung zu gewinnen.

Sie gaben – befähigt durch Ihr breites Wissensspektrum und Ihren außerordentlich reichen Erfahrungsschatz – vielfältige Anregungen zur Themengestaltung und zur Diskussion in der Klasse. Im Ergebnis der breit angelegten Diskussionen konnte eine Reihe von Stellungnahmen und Expertisen erarbeitet und verschiedenen Institutionen, Einrichtungen und staatlichen Stellen zur Unterstützung bei der Entscheidungsfindung zugeleitet werden.

Sie, lieber Herr Lehmann, waren der Spiritus rector für diese Leistungen der Klasse. Ihre nimmermüde Aktivität und Einsatzfreude bei der Ausübung Ihrer akademischen Funktionen sind für uns beispielgebend.

Es ist mir ein Bedürfnis, zugleich im Namen des Präsidenten und des Präsidiums der Akademie der Wissenschaften der DDR, Ihnen für diese Leistungen nochmals zu danken und alles Gute zu wünschen, in der Hoffnung, daß Ihnen noch viele Jahre aktiven Schaffens bei guter Gesundheit beschieden sind, damit wir auch weiterhin aus Ihrem reichen Erfahrungsschatz schöpfen und Ihre Anregungen und Hinweise erhalten können.

Wolfgang Mundt

Laudatio*

Sehr geehrter Herr Lehmann, verehrte Anwesende!

Am 25. März 1985 begingen Sie, unser hochverehrter Kollege Edgar Lehmann, Ihren 80. Geburtstag. Viele von uns haben bereits die Gelegenheit wahrgenommen, Ihnen persönlich oder in schriftlicher Form ihre Glückwünsche auszusprechen. Mir wird heute die Ehre zuteil, eine kurzgefaßte Laudatio im Namen der Klasse Geo- und Kosmoswissenschaften vorzutragen.

Edgar Lehmann studierte an der Berliner Universität Geographie, Geologie, Geschichte und Philosophie und promovierte 1930. Er ist also von der Grundausbildung Geograph, aber fast gleichberechtigt daneben steht der Kartograph, wie aus seiner umfangreichen Publikationsliste hervorgeht. Herr Lehmann ist daher bereits mehr als 50 Jahre wissenschaftlich aktiv, nicht nur im leitenden oder organisatorischen Sinne, sondern produzierend, belegbar durch seine Publikationen und Vorträge. In frischer Erinnerung ist noch sein Festvortrag im Rahmen der A. v. Humboldt-Ehrung im Frühjahr 1984 in Berlin, in dem er es meisterhaft verstand, das Humboldtsche Werk zu analysieren und durch eigene Gedanken und Auffassungen zu interpretieren und modernisieren.

Es ist hier nicht möglich, seine umfangreichen Publikationen im Detail zu bewerten, dazu fehlt mir auch die Kompentenz, aber sicher darf man feststellen, daß die beiden Atlanten „Die Staaten der Erde und ihre Wirtschaft" und erst in den letzten Jahren der „Atlas Deutsche Demokratische Republik" in hohem Maße seine Handschrift tragen und ihm Gelegenheit gaben, das ihn faszinierende Phänomen „Karte" immer wieder von unterschiedlichen Positionen aus zu betrachten. Die nationale und internationale Anerkennung, die dieser „Atlas DDR" fand, zeigt die besondere wissenschaftliche Leistung des Autorenkollektivs.

Herr Lehmann war aber nicht ausschließlich Forschender, sondern erwarb sich auch als Hochschullehrer bleibende Verdienste. Mehrere Jahre wirkte er als Direktor des Geographischen Instituts der Karl-Marx-Universität Leipzig sowie als Mitglied des Wissenschaftlichen Beirates für Geographie

* Gehalten auf der Sitzung der Klasse Geo- und Kosmoswissenschaften der AdW der DDR am 18. 4. 1985

beim Ministerium für Hoch- und Fachschulwesen. Die Verbreitung der wissenschaftlichen Erkenntnisse der Geographie in der Öffentlichkeit war ihm stets ein besonderes Anliegen.

Das Bild seines wissenschaftlichen Lebens wäre unvollständig, würde man nicht seine wissenschaftsleitenden Aktivitäten nennen: Fast 20 Jahre, von 1950 bis 1969, war Herr Lehmann Direktor des ehemaligen Deutschen Instituts für Länderkunde in Leipzig, aus dem unter seinem wissenschaftlichen Einfluß das Geographische Institut der AdW der DDR hervorging, der Vorläufer des heutigen Instituts für Geographie und Geoökologie unserer Akademie.

1959 zum Korrespondierenden und 1961 zum Ordentlichen Mitglied der AdW der DDR gewählt, trägt Edgar Lehmann seit über 25 Jahren erfolgreich zur Erfüllung der Aufgaben unserer Akademie bei. Von 1963 bis 1968 war er Sekretar der Klasse für Chemie, Geologie und Biologie, seit der Gründung der problemgebundenen Klasse „Optimale Gestaltung der Umweltbedingungen (Mensch und Umwelt)" 1971, die ab 1973 als Klasse Umweltschutz und Umweltgestaltung ihre Arbeit fortsetzte, bis 1985 deren Vorsitzender. So lag verständlicherweise der Schwerpunkt seines akademischen Wirkens in der Klasse Umwelt, doch auch in unserer Klasse Geo- und Kosmoswissenschaften war Herr Lehmann zu Hause und stets ideenreich und engagiert tätig.

Die wissenschaftlichen Leistungen von Edgar Lehmann fanden in einer Reihe von Ehrungen und Auszeichnungen hohe Anerkennung und Wertschätzung. Herr Lehmann ist Träger des Nationalpreises und des Vaterländischen Verdienstordens, Ehrenmitglied der Geographischen Gesellschaft der UdSSR sowie Ehrendoktor der Eidgenössischen Hochschule in Zürich, um nur einiges aus der reichen Palette herauszugreifen.

Soweit Chronologie und Fakten, lassen Sie mich aber noch einige persönliche Worte anfügen. Es ist wohl vor allem der enorme wissenschaftliche Erfahrungsschatz, der weit über die Fachdisziplinen Geographie und Kartographie hinausgeht, der bei Herrn Lehmann beeindruckt. Es sind seine Fähigkeit, sich in interdisziplinäre Fragestellungen hineinzudenken, als auch die Kunst, ohne den mathematisch-physikalischen Apparat komplizierte Wechselbeziehungen und Prozesse zu beschreiben und zu deuten, sowie das saubere Formulieren, die ihn charakterisieren. So sind wissenschaftliche Diskussionen mit Ihnen, lieber Herr Lehmann, im wahrsten Sinne des Wortes fruchtbar und anregend in vielerlei Hinsicht, oft weit über die eigentliche Thematik hinaus.

Als wir im Redaktionsbeirat des „spectrum" vor einigen Jahren Zielstellung und Bedeutung der Spalte „Erleben, Erfahren, Erkennen" diskutierten, kristallisierte sich als wesentliches Anliegen die Übertragung der Lebenserfahrungen bedeutender Wissenschaftlerpersönlichkeiten auf die späteren Generationen heraus. Das kürzliche Interview mit Ihnen, lieber Herr Lehmann, hat die Bedeutung dieser Zielstellung erneut bestätigt.

Heinz Lüdemann

Ergebnisse und Perspektiven geographischer Forschungen an der Akademie der Wissenschaften der DDR

Hochverehrter Herr Kollege Professor Lehmann,
verehrte Herren Präsidenten,
meine Damen und Herren!

Das heutige Festkolloquium, dem 80. Geburtstag einer herausragenden Wissenschaftlerpersönlichkeit der Geographie und Kartographie gewidmet, ist ein schöner Anlaß, in einer Phase angestrengter Arbeit einen Augenblick innezuhalten, den Versuch einer Bilanz zu wagen und den Blick dann in die Zukunft zu wenden.

Geographische Forschung wird an der Akademie der Wissenschaften seit nicht einmal zwei Jahrzehnten betrieben. Das ist wahrlich eine kurze Zeitspanne in der Entwicklung einer wissenschaftlichen Disziplin, nicht vergleichbar mit den historischen Traditionen der Geographie an Universitäten, die bis in die ersten Jahrzehnte des vergangenen Jahrhunderts zurückreichen. So nimmt es nicht wunder, daß die Universitäten, vor allem das damalige Geographische Institut der Karl-Marx-Universität, einen kaum zu überschätzenden Beitrag für die Herausbildung der geographischen Forschung an der Akademie geleistet haben; von ihnen kamen erfahrene Wissenschaftler und fähige junge Absolventen, die Universitäten brachten einen reichen Schatz an theoretischen Erkenntnissen und methodischen Erfahrungen ein.

Ein anderer, ganz wesentlicher Ausgangspunkt geographischer Forschungen an der Akademie der Wissenschaften war das Deutsche Institut für Länderkunde in Leipzig, zu dem Ende des vergangenen Jahrhunderts Alphons Stübel, Geograph, Vulkanologe und Forschungsreisender, durch ein Vermächtnis den Grundstein gelegt hatte. Die durch den Jubilar initiierten und geleiteten Arbeiten, wie die von einer breiten Öffentlichkeit geschätzten wissenschaftlichen Ausstellungen dieses Instituts, seine international anerkannten wissenschaftlichen Dokumentationsarbeiten und die hier Mitte der sechziger Jahre beginnenden physisch-geographischen Forschungen, zunächst nur von F. Grimm, H. Hubrich, R. Krönert und H. Schlüter getragen, boten für Künftiges eine gute Grundlage.

Noch bevor die Zeit reif war, ein Forschungsinstitut für Geographie an der Akademie der Wissenschaften zu gründen, wirkte als eines ihrer wissenschaftlichen Gremien seit 1962 – mehr als sechs Jahre hindurch – die Sektion Geographie, deren initiativreicher Vorsitzender der hochverehrte Jubilar war. Unter seiner Leitung stellte sich die Sektion von Anfang an das Ziel, wichtige

Forschungsvorhaben zu initiieren, soweit es damals möglich war zu planen und durch das Wirken ihrer Mitglieder, die die meisten wissenschaftlichen Einrichtungen der Geographie sowie einiger Nachbardisziplinen repräsentierten, in die Tat umzusetzen. Das bedeutendste wissenschaftliche Unternehmen, das die Sektion Geographie der Akademie vorbereitete, war der „Atlas Deutsche Demokratische Republik". Es zeugt vom Weitblick – besonders des Vorsitzenden dieser Sektion –, wenn frühzeitig ein Kartenwerk vom Typus „Nationalatlas" konzipiert und in der Folge als erstes großes wissenschaftliches Gemeinschaftsvorhaben von Geographen, Kartographen und Vertretern anderer Wissenschaftsgebiete verwirklicht wurde. 1981 vollständig erschienen, zollte die internationale Fachwelt dem „Atlas Deutsche Demokratische Republik" in wissenschaftlicher wie in gestalterischer Hinsicht hohe Anerkennung, wurde der gesellschaftliche Wert dieses Kartenwerkes für unsere Republik in vielfältiger Weise deutlich. Für diese große wissenschaftliche Leistung wurde ein Kollektiv von Wissenschaftlern, unter ihnen an hervorragender Stelle der Jubilar, mit dem Nationalpreis der DDR geehrt.

Die Tätigkeit der Sektion Geographie bei der Akademie der Wissenschaften wurde auch für andere wissenschaftliche Aufgaben dieses Faches fruchtbar; sie trug insgesamt dazu bei, den wissenschaftlichen und gesellschaftlichen Wert geographischer Forschungen überzeugend zu dokumentieren. Das bereitete, gepaart mit von hoher Sachkenntnis getragenen persönlichen Initiativen des Jubilars, wissenschaftlich den Boden für die Gründung eines geographischen Forschungsinstituts an der Akademie. Gleichzeitig verlangte die weitere Entwicklung unserer sozialistischen Gesellschaft in jener Zeit nach umfassenderen wissenschaftlichen Grundlagen für die planvolle Gestaltung der Umweltbedingungen und der Territorialstruktur der gesellschaftlichen Reproduktion, zu denen die Geographie ganz wesentlich beitragen konnte. Diese Synthese von gesellschaftlichen Bedürfnissen, bis dahin erzielten wissenschaftlichen Leistungen der Geographie und dem beharrlichen Wirken des Jubilars mündete schließlich darin, daß 1968 mit dem Aufbau eines Forschungsinstituts für Geographie an der Akademie begonnen wurde, dessen Gründer und erster Direktor Akademiemitglied Edgar Lehmann war.

15 Jahre sind vergangen, seit Sie, sehr verehrter Herr Kollege Lehmann, in einer Ansprache anläßlich Ihrer feierlichen Entpflichtung als Institutsdirektor im Juni 1970 ausführten:

„Der Beitrag des Geographischen Instituts der AdW ..." zur Lösung territorialer Probleme „... läuft darauf hinaus, unmittelbar an der Entwicklung des einheitlichen Prozesses der sozialistischen, sich wechselseitig durchdringenden Arbeits- und Lebensbedingungen im Territorium mitzuwirken, das heißt: mitzuwirken an der Steuerung von Vorgängen, die tief in das Leben jedes Bürgers eingreifen und überdies auf Grund von Milliardenaufwänden nur langfristig zu verwirklichen sind. Auf dem Wege zu solchen Zielen liegt auch die Mitarbeit an der sinnvollen Gestaltung der Umwelt, die Überwindung mannigfacher ... Rückstände aus der kapitalistischen Zeit."

Und an anderer Stelle dieser Ansprache heißt es: „Die Gunst der Stunde ... liegt darin, daß das spezifisch geographische Denken in einer engeren Relevanz zu Fragen der perspektivischen Organisation des Territoriums steht als irgendein anderes einzelwissenschaftliches Denken, das sich selbstverständlich auch mit räumlichen Zusammenhängen und Synthesen beschäftigt."

Wo stehen wir heute, nach eineinhalb Jahrzehnten, bei der Verwirklichung von Aufgaben, die Sie, verehrter Herr Kollege Lehmann, hier weit vorausschauend und in tiefer wissenschaftlicher Einsicht dargestellt haben? Welche Ergebnisse hat das Institut für Geographie und Geoökologie, das diesen Namen seit 1979 trägt, erzielt? Es wäre gewiß vermessen, wollte ich mir das Ziel stellen, dem hier im einzelnen nachzugehen. Dennoch möchte ich versuchen, wichtige Forschungsrichtungen und -ergebnisse in der gebotenen Kürze zu charakterisieren.

Schon kurze Zeit nach der Gründung eines Akademieinstituts für Geographie wurde die landschaftsökologische Forschung zu einem wichtigen Feld von Untersuchungen, die mit ihren Ergebnissen zur Schaffung wissenschaftlicher Grundlagen für die Umweltgestaltung, insbesondere für die rationelle und störungsarme Nutzung von Naturressourcen, beitragen. Sie konnten sich auf bemerkenswerte Traditionen landschaftsökologischer Forschungen in der Geographie stützen. Schon vor dem 2. Weltkrieg hatte Carl Troll beim Studium von Problemen des Landschaftshaushaltes den Begriff „Landschaftsökologie" geprägt. In unserer Republik wurden besonders durch Ernst Neef und Gerhard Schmidt seit den fünfziger Jahren die theoretischen und methodischen Grundlagen dieser Forschungsrichtung weiterentwickelt; gleichzeitig war durch eine Reihe von speziellen Arbeiten, beispielsweise zur Landschaftsdynamik in Braunkohlenrevieren und in Gebieten, die durch Land- und Forstwirtschaft geprägt sind, die gesellschaftlich-praktische Bedeutung dieses Ansatzes dokumentiert worden. Darauf aufbauend und ergänzt durch neue Problemstellungen und Methoden, konzentrierte sich das Institut für Geographie und Geoökologie in diesem naturwissenschaftlichen Bereich seiner Forschungen vor allem auf drei miteinander in engen Beziehungen stehende Aufgabenbereiche:

- In Gemeinschaft mit anderen Einrichtungen wurden wissenschaftliche Grundlagen für eine anwendungsorientierte Naturraumtypenkartierung mittleren Maßstabs geschaffen und auf die spezifischen Bedingungen in der DDR angewandt. Das führte zu wissenschaftlich begründeten und praktisch erprobten Methoden und Kartierungsrichtlinien für vielfältige Aufgaben der Landschaftsgestaltung, der Territorialplanung und verschiedener Wirtschaftszweige.
- Ferner wurden Forschungen über die Stofftransformation, die Stoffbildung und den Stofftransport in der Landschaft aufgenommen. Im Zentrum dieser Untersuchungen steht nicht mehr die Evolution der Landschaft unter natürlichen Bedingungen – jahrzehntelang ein wichtiger Auf-

gabenbereich der Geographie –, sondern die Dynamik der Landschaft unter dem Einfluß anthropogener, besonders produktionswirksamer Faktoren. Die traditionellen Methoden der Geographie wurden weiterentwickelt und ergänzt; Messung und Beobachtung in Experimentalgebieten sowie der Einsatz moderner analytischer Methoden im Labor sind dafür kennzeichnend.

– Schließlich betrat die Forschung auch in anderer Hinsicht Neuland: sie beschränkte sich nicht mehr nur auf die Untersuchung objektiver Erscheinungen und Prozesse, die Struktur und Dynamik der Landschaft charakterisieren. Darauf aufbauend wurden vielmehr in den letzten Jahren theoretische Grundlagen und eine Methodik für polyfunktionale Landschaftsbewertungen erarbeitet. Die vorliegenden Ergebnisse stellen eine wissenschaftlich begründete Entscheidungsgrundlage dar, um Konflikte zwischen verschiedenen Nutzungen der Landschaft zu minimieren und gesamtgesellschaftlich günstige Kompromisse zu finden. Die praktische Erprobung der Methodik, die auch international einen hohen Neuigkeitsgrad aufweist, ergab, daß bei ihrer Anwendung beträchtliche ökonomische Effekte erzielt werden können.

Für ökologisch relevante Untersuchungen der Geowissenschaften setzte sich im letzten Jahrzehnt der Begriff „Geoökologie" zunehmend durch. Die Arbeiten auf diesem Gebiet gewinnen gerade in unserer Zeit schnell an Bedeutung. Die Geographie, die mit ihren Erkenntnissen und Erfahrungen diese Richtung mit initiierte, wird auch künftig im Interesse unserer sozialistischen Gesellschaft dazu wesentlich beitragen.

Meine Damen und Herren!

Mancher der Wissenschaftler unseres Instituts wird sich noch daran erinnern, daß die Territorialplanung in besonderem Maße bei seiner Gründung Pate gestanden hat. Ausgangspunkt dafür war, daß dringend neue wissenschaftliche Grundlagen und Methoden für die planmäßige Gestaltung der Territorialstruktur der gesellschaftlichen Reproduktion und die damit verbundene Standortverteilung der Produktivkräfte benötigt wurden. Von der Geographie, die seit Beginn der fünfziger Jahre zunehmend erfolgreich auf diesem Gebiet gearbeitet hatte, wurden neue wissenschaftliche Ergebnisse erwartet. Dieser Richtung der Forschung wurde am Institut deshalb von Anfang an große Aufmerksamkeit gewidmet. Unter Nutzung der Erkenntnisse und Erfahrungen, die zum Beispiel schon in den sechziger Jahren durch eine Forschungsgemeinschaft unter Leitung von G. Mohs zu neuen Einsichten in Struktur und Entwicklungsbedingungen in Ballungsgebieten geführt hatten, stand am Institut zunächst die Schaffung wissenschaftlicher Grundlagen für die Gestaltung der territorialen Siedlungsstruktur im Mittelpunkt. Dabei wurde dem gesellschaftlichen Erfordernis Rechnung getragen, daß für die Durchsetzung des Grundsatzes der Einheit von Wirtschafts- und Sozialpolitik, für das umfassendste Wohnungsbauprogramm unserer Geschichte neue wissenschaftliche Erkenntnisse zur Siedlungsstruktur unerläßlich waren. Im Vordergrund standen in diesem gesellschaftswissenschaftlichen Bereich der Forschungen des Instituts – in enger Beziehung zu Untersuchungen des gesamtstaatlichen Siedlungssystems, von allem seines Grundgerüsts, des Städtenetzes – Forschungen zu den Beziehungen zwischen den Städten der DDR und ihrem Umland. Damit wurde ein Problem hoher volkswirtschaftlicher und sozialer Bedeutung für die weitere Entwicklung der Territorialstruktur ins Zentrum gestellt. Detaillierte Untersuchungen über Ursachen, Intensität und Reichweite von Stadt-Umland-Beziehungen, beispielsweise der Arbeitspendelwanderung und Migration, des Einzelhandels und der Naherholung, führten zu einem reichen, wissenschaftlich verarbeiteten empirischen Material und zu Vorschlägen für die planvolle Beherrschung von Stadt-Umland-Beziehungen, die in vielfältige praktische Aufgaben der Territorialplanung auf zentraler und bezirklicher Ebene Eingang fanden. Gleichzeitig wurden dadurch die theoretischen und methodischen Grundlagen der Untersuchung von Siedlungssystemen erweitert und vertieft; in internationalen Fachgremien fand das beträchtliche Resonanz und Anerkennung.

Diese Arbeiten trugen auch wesentlich dazu bei, die Erkenntnisse über Struktur und Dynamik von Regionen, über aus ihnen resultierende volkswirtschaftliche Wachstumsfaktoren und zu den wissenschaftlichen Grundlagen der Regionierung weiterzuentwickeln. Mit all diesen Arbeiten wirkte das Institut über mehrere Jahre daran mit, ein langfristig orientiertes prognostisches Material für die zentrale staatliche Planung auszuarbeiten, das Generalschema der Standortverteilung der Produktivkräfte in der DDR.

Meine Damen und Herren!

Die wichtigste Darstellungsform geographischer Forschungsergebnisse ist die Karte und ihre wissenschaftliche Interpretation. Deshalb spielen bei allen geographischen Forschungsaufgaben die Kartierung im Gelände sowie die Erarbeitung und Gestaltung von Karten eine hervorragende Rolle. Gleichzeitig sind aber spezielle Untersuchungen geographisch-kartographischer Art erforderlich, um die Karte als Forschungs-, Planungs- oder Bildungsmittel optimal zur Wirkung zu bringen. Das Institut für Geographie und Geoökologie widmete sich diesem Problemkreis intensiv, zumal schon aus dem Vorläuferinstitut beträchtliche Erfahrungen genutzt werden konnten. Wie ich eingangs schon betonte, war ein herausragendes Ergebnis der wissenschaftlichen Arbeit von Geographie und Kartographie der „Atlas Deutsche Demokratische Republik": Die wissenschaftliche Vorbereitung und Gestaltung dieses Kartenwerkes gehörte deshalb auch im Institut fast ein Jahrzehnt hindurch zu den Aufgaben hoher Priorität. Unter den vielen Wissenschaftlern und technischen Mitarbeitern, die dafür mit Ideenreichtum und Initiative arbeiteten, möchte ich an dieser Stelle nur E. Benedict namentlich nennen, der in besonderer Weise Anteil am Gelingen dieses großen Vorhabens hatte.

Mit dem Abschluß der wissenschaftlichen und gestalterischen Arbeiten am „Atlas DDR" konnte sich die Forschung des Instituts auch auf diesem Gebiet neuen Aufgaben zuwenden, die inhaltlich eng mit den Arbeiten zur geographischen Landschafts- und Territorialstrukturforschung verbunden sind. Gerade für diesen Aufgabenbereich ist eine Kombination von bewährten Methoden, die weiterentwickelt und vertieft werden, mit völlig neuen wissenschaftlichen Aufgaben charakteristisch. Zu letzteren gehören vor allem Arbeiten zur Schaffung von Voraussetzungen für die automatisierte Herstellung von Karten mittels elektronischer Datenverarbeitungsanlagen, die als eine internationale Tendenz immer deutlicher hervortritt. Besondere Bedeutung erlangen voraussichtlich Automatenkarten künftig als eine Entscheidungsgrundlage für Planung und Leitung; sie werden aber auch im Forschungsprozeß der Geographie und anderer Disziplinen zunehmend Eingang finden. Konventionell hergestellte Karten verlieren dennoch auf absehbare Zeit ihre Bedeutung nicht. Sie haben ihre spezifischen Vorzüge und werden künftig verstärkt in Kombination mit Automatenkarten zu sogenannten hybriden Karten führen. Als erstes Ergebnis des Instituts in dieser Beziehung ist es in jüngster Zeit gelungen, die wissenschaftlich-methodischen Voraussetzungen und die EDV-Programme zu schaffen, die es ermöglichen, in unserer Republik erstmals die gesamte Druckvorlage für eine Karte im Maßstab 1 : 750 000 automatisch herzustellen. Sie betraf die komplizierte Struktur der Pendelwanderung; andere räumliche Interaktionen können mit den gleichen Programmen automatisch in Karten umgesetzt werden.

Für einen breiten Bereich geographischer Forschungen und die kartographische Darstellung ihrer Ergebnisse eröffnete die Geofernerkundung neue Möglichkeiten. Seit wenigen Jahren werden am Institut mit Erfolg methodisch orientierte Arbeiten betrieben, die der Klassifikation, der visuellen und der digital-automatischen Dechiffrierung und der Interpretation von Fernerkundungsinformationen gewidmet sind. Im Mittelpunkt stehen dabei die Nutzung multispektraler Luft- und Satellitenbilder für die Analyse von Flächennutzungsstrukturen und deren Veränderungen sowie für die Abgrenzung und Typisierung von Landschaftseinheiten. In enger Zusammenarbeit mit staatlichen Organen des Bezirkes Leipzig wurde gleichzeitig begonnen, die Fernerkundung für geeignete praktische Zwecke der Territorial- und Stadtplanung zu erproben. Die bisherigen Ergebnisse sind vielversprechend, wie das die Fernerkundungskonferenz der DDR 1984 in Leipzig dokumentierte, wenngleich diese Arbeiten intensiv weitergeführt und vertieft werden müssen, um künftig die Vorzüge der Fernerkundung für die Lösung praktischer Aufgaben voll zur Wirkung zu bringen.

Meine Damen und Herren!

Ich habe versucht, in knapper Form einige wichtige Forschungsergebnisse des Instituts für Geographie zu charakterisieren. Zu den Fortschritten, die seit der Gründung eines geographischen Forschungsinstituts an der Akademie erzielt wurden, sind aber ohne Zweifel auch Ergebnisse anderer Art zu zählen, denen beträchtliche forschungsfördernde Wirkung zukommt. Darunter möchte ich hier nur folgende hervorheben:

- Es hat sich eine fruchtbare wissenschaftliche Zusammenarbeit zwischen dem Institut und allen wissenschaftlichen Einrichtungen der Geographie an Universitäten und Hochschulen, mit Forschungseinrichtungen der Sächsischen Akademie der Wissenschaften sowie anderer Disziplinen herausgebildet. Die Integration der geographischen Forschung in das Forschungsprogramm Geo- und Kosmoswissenschaften, die Herausbildung der Hauptforschungsrichtung Geographie/Hydrologie/Meteorologie und die Wirksamkeit ihrer wissenschaftlichen Arbeitsgremien haben Kooperation und Arbeitsteilung im Forschungsprozeß und dadurch eine Erhöhung der Effektivität nachhaltig gefördert.
- Das Institut hat sich durch seine wissenschaftlichen Leistungen international eine geachtete und anerkannte Stellung erworben. Das gilt für die Forschungskooperation mit wissenschaftlichen Einrichtungen in der UdSSR und anderen sozialistischen Ländern in erster Linie, betrifft aber auch die Mitarbeit in internationalen wissenschaftlichen Gremien, besonders der Internationalen Geographischen Union, und Einrichtungen, zum Beispiel dem Internationalen Institut für Angewandte Systemanalyse.
- Im Interesse einer schnellen Überführung wissenschaftlicher Ergebnisse haben sich äußerst enge Beziehungen zu Institutionen der gesellschaftlichen Praxis herausgebildet, beispielsweise zu Organen der Territorialplanung und des Umweltschutzes, des Bauwesens und der Landwirtschaft, aber auch zu Kombinaten, wie dem Kombinat Geodäsie und Kartographie. In wissenschaftlicher wie in praktischer Hinsicht gleichermaßen bedeutend, möchte ich die fruchtbare Zusammenarbeit mit Organen unseres Heimatbezirkes Leipzig besonders hervorheben.

Diese hier nur kurz skizzierten Ergebnisse der gut fünfzehnjährigen Entwicklung des Instituts für Geographie und Geoökologie wurden durch angestrengte schöpferische Arbeit der Wissenschaftler und aller Mitarbeiter erzielt. Von Bedeutung ist, daß dafür unsere sozialistische Gesellschaft, besonders die Akademie der Wissenschaften, eine beträchtliche personelle Erweiterung des Forschungspotentials ermöglichte und umfangreiche Mittel für den Auf- und Ausbau der Gerätebasis unserer Forschung einsetzte.

Meine Damen und Herren!

Ich komme auf den Ausgangspunkt meiner Ausführungen zurück. Die Bilanz einer guten fünfzehnjährigen Entwicklung der geographischen Forschung an der Akademie der Wissenschaften zeigt insgesamt ein positives Bild, wenngleich noch viele Fragen einer Lösung harren. Das kann uns ermutigen, die vor uns liegende Wegstrecke, die in ihr zu lösenden, noch anspruchsvolleren wissenschaftlichen Aufgaben mit Optimismus ins Auge zu fassen. Wir werden uns neuen Problemen zuwenden, bestrebt sein, einen noch höheren gesellschaftlichen Effekt unserer Forschung zu erzielen, neue Methoden und Techniken zu erarbeiten und beherrschen zu lernen. Das ist eine interessante und schöne Perspektive. Unter den künftig zu bearbeitenden Aufgaben möchte ich nur wenige hervorheben:

- Die Konzeption der Forschungsaufgaben des Instituts, die der verehrte Jubilar unter dem 2. Dezember 1969 der Akademie der Wissenschaften vorlegte, hat bis heute in vielen Fragen ihre Bedeutung behalten. Ich möchte nur darauf verweisen, daß in diesem Dokument unter den wissenschaftlichen Aufgaben an erster Stelle „... wissenschaftliche Einschätzungen und Lösungsverfahren ... für eine beträchtliche Intensivierung der Flächennutzung unter Berücksichtigung einer störungsfreien Mehrfachnutzung ..." genannt werden. Wir mußten diese Aufgabe bisher zurückstellen. In den kommenden Jahren konzentrieren wir ein beträchtliches Potential darauf, weil heute noch dringender als damals neue wissenschaftliche Grundlagen und Methoden auf diesem Gebiet benötigt werden.
- Damit in Verbindung werden in naher Zukunft weiterführende Arbeiten zum umfassenden Einsatz der Geofernerkundung und der Automatenkartographie in Forschung und Praxis hohe Anforderungen an die wissenschaftliche Leistungsfähigkeit des Instituts stellen. Dabei gilt ihrer Integration in die Erarbeitung der theoretischen Grundlagen, Methoden und mathematischen Verarbeitungsprogramme für territoriale Informationssysteme besondere Beachtung.
- Schließlich haben sich die Forschungen des Instituts bisher auf das Territorium unserer Republik konzentriert, wenngleich ihre theoretischen und methodischen Ergebnisse auch international Beachtung fanden. In der schon zitierten Ansprache des Jubilars im Juni 1970 findet sich folgende bemerkenswerte Passage: „Geographie ist immer regionale Forschung gewesen. Ihr Beitrag zur Grundlagenforschung wird aber nicht zur vollen Auswirkung gelangen können, wenn sie sich nur auf das eigene Staatsgebiet konzentriert". Die Bedingungen sind durch die wissenschaftlichen Fortschritte des Instituts für Geographie und Geoökologie, vor allem aber durch Erfordernisse unserer Gesellschaft, herangereift, die Auslands-

forschung zu einem wichtigen Aufgabenbereich zu entwickeln. Besonders aussichtsreich ist dafür die Mitwirkung an Landerschließungsprojekten und ähnlichen Aufgaben in Entwicklungsländern.

Hochverehrter Herr Kollege Lehmann!

Ich habe hier nur weniges skizzenhaft zur Entwicklung der geographischen Forschung an der Akademie der Wissenschaften der DDR, zu ihren Ergebnissen und Perspektiven darlegen können. Sie haben das – auch seit ihrer Emeritierung – nicht als Außenstehender verfolgt. An all dem, was in dieser Zeit geschaffen wurde, haben Sie aus tiefer innerer Verbundenheit mit dem Institut immer tätigen Anteil genommen. Sie waren und sind vielen von uns Lehrer, Anreger und Förderer; wohl jeder von uns ist beeindruckt von ihren streitbaren Diskussionsbeiträgen während der Kolloquien, die immer ins Zentrum der jeweiligen Problematik führen. Sie haben eine große Zahl unserer jüngeren Wissenschaftler als Betreuer oder Vorsitzender von Prüfungskommissionen zur Promotion geführt. Und so könnte man manches andere anfügen, was dokumentiert, wie stark die Impulse sind, die Sie der Entwicklung des Instituts bis heute geben. Ich möchte Ihnen, lieber Herr Kollege Lehmann, dafür im Namen aller Kollegen unseres Instituts und auch ganz persönlich von Herzen danken. Möge es Ihnen vergönnt sein, bei Gesundheit, geistiger Frische und Schaffenskraft noch viele ihrer wissenschaftlichen Ideen zu verwirklichen.

Ich danke für die Aufmerksamkeit.

Gerhard Mohs

Region und Regionierung als Aufgabe und Anspruch angewandter geographischer Forschungen

Man kann sich der sehr vielschichtigen Thematik Region und Regionierung und der noch viel breiteren Frage einer „angewandten" Geographie auf sehr unterschiedlichen Wegen nähern. Aus gegebenem Anlaß liegt es nahe, dafür den Anschluß zu suchen an dem, was zum Thema „Region" unter dem Bezugspunkt „Geographische Raumkategorien und territoriale Planung" vor 5 Jahren zu Ehren des Jubilars gesagt worden war [1]. Damals wurde versucht, den Begriff „Region" als geographische Raumkategorie zu definieren und von daher den Bezug zur territorialen Planung als dem vorrangigen Feld der Überführung geographischer Erkenntnisse in die gesellschaftliche Praxis zu finden. Ein anderer Zugang ergibt sich heute aus der Analyse geographischer Mitarbeit am „Generalschema der Standortverteilung der Produktivkräfte in der DDR", dem inzwischen zu einem ersten Abschluß gebrachten, bisher umfassendsten interdisziplinären Objekt der Territorialforschung in der DDR. Dabei lassen sich sowohl stärker erkenntnistheoretische, methodologische Aspekte als Ausgangs- und Zielpunkte formulieren, als auch im engeren Sinne methodische Fragen diskutieren bis hin zur Systemanalyse und der thematischen Kartographie. Damit sei angedeutet, wie weit sich heute der Rahmen zur Diskussion eines Begriffes, einer Kategorie allein aus der Sicht *einer* Disziplin spannen läßt.

Hinzu kommt: Wie für viele Wissenschaftsdisziplinen, so gilt auch für die Geographie, daß zumindest Teile ihres Vokabulars auch von anderen verwendet werden, manchmal mit gleichem, oft mit anderem Sinngehalt. Wie vieldeutig und in welch unterschiedlichen Zusammenhängen wird heute z. B. der Begriff „Territorium" gebraucht? In der Gegenwart ist „Territorium" schon weitgehend zu einer Vokabel des allgemeinen politischen Sprachgebrauchs geworden, ein Begriff, der fast täglich in irgendeinem Zusammenhang durch die Massenmedien geht. Im Gegensatz dazu ist der Begriff „Region" zumindest in unserem Lande bisher mehr der Wissenschaftssprache vorbehalten geblieben. Ungeachtet dessen ist die Spannweite des zugemessenen Sinngehalts von Region und Regionierung international vermutlich noch größer als „Territorium", sie ist aber auch national nicht gering. Auch in der DDR sprechen Architekten und Städteplaner, Territorialplaner und

Ökonomen, Kommunalpolitiker und Abgeordnete örtlicher Räte und eben die Geographen von der Stadt*region*. Verwendet man den Begriff „Gebiet" als Synonym für Region, dann ist ein weit breiteres Verständnis dafür vorhanden. Ballungs*gebiet* oder Agrar*gebiet* gehören durchaus zu einem gängigen Vokabular. Als *Regional*wissenschaftler allerdings sehen sich zuerst die Afrika-, Asien- oder Lateinamerikaexperten.

Einige Seiten von Region und Regionierung unter geographischer Sicht zu betrachten, soll im folgenden einerseits mit Blick auf den Jubilar geschehen, der als Geograph und mit seinen kartographischen Arbeiten Region und Regionierung selbst in vielfältiger Form, fast möchte ich sagen, als ein Grundmotiv seiner wissenschaftlichen Arbeit immer wieder verfolgt hat. Zum anderen erfordert die Orientierung der Geographie an den gesellschaftlichen Erfordernissen, ihre „praktisch-produktive Funktion" [2] in der DDR, den Sinngehalt und die Praktikabilität der der wissenschaftlichen Arbeit zugrunde gelegten Kategorien und der verwendeten Begriffe stets aufs neue zu überprüfen.

Aus diesem Blickwinkel heraus ergeben sich für das Thema verschiedenartige Betrachtungsebenen:

I.

Zur „theoretischen Grundlegung" des Begriffs *„Region"* stellte E. Lehmann 1973 fest: „Regionen sind vitale, durch Natur, Wirtschaft, Gesellschaft, Politik und Kultur, d. h. in erster Linie durch den Menschen als schöpferische Dominante geprägte Wirklichkeitsbereiche ... Regionen sind ... gesellschaftsbestimmt" [3] Dieser Ansatz ist „vital" auch im Sinne angewandter Geographie, da er die Interpretation der Region sowohl als Realobjekt als auch als wissenschaftliche Abstraktion zuläßt. Analoge Auffassungen sind heute international verbreitet.

Von D. Hagget zum Beispiel wird in seinem jüngstem Werk „Geographie – eine moderne Synthese" Regionalisierung oder *Regionierung* als Wesensmerkmal hervorgehoben, mit dem die Geographen „Ordnung in die Fülle" von „räumlichen Variationen im Verhältnis von Mensch und Umwelt" zu bringen versuchen, wobei „jede Region als ein Modul zu verstehen (sei), innerhalb dessen eine bestimmte Anordnung von ... Beziehungen dominiert" [4]. In der Sowjetunion definierte I. G. Sauschkin die Geographie „als Wissenschaft von der Entwicklung ... räumlicher Systeme, die sich an der Erdoberfläche im Prozeß der Wechselwirkung der Natur und Gesellschaft bilden, und über die Regelung und Steuerung dieser Systeme" [5]. Inwieweit diese durch die Gesellschaft *steuerbaren* räumlichen Systeme als territoriale, wie bei Sauschkin, oder als regionale bezeichnet werden, ist sekundär. So, wie es keine eindeutige Begründung dafür gibt, warum das 1979 als deutsche Übersetzung in der DDR erschienene Buch von Nekrassov den Titel „Territorialökonomie" trägt, während es im russischen Original „Regionalnaja Ekonomika" [6] heißt.

Einen m. E. interessanten Aspekt in die Diskussion des Begriffs Region hat jüngst die US-amerikanische, aber seit Jahren in Lund im Bannkreis der Hägerstrand-Schule tätige Geographin A. Buttimer eingebracht. Sie beschreibt „zwei unterschiedliche Bedeutungen des Begriffs Region", die „zwei unterschiedliche und häufig getrennte Arbeitsgebiete der Geographie" hervorgebracht hätten. „Die traditionelle Länderkunde konzentriert sich auf die Beschreibung gebietsmäßig umschriebener Territorien, während die Regional Science stärker analytisch ausgerichtet ist und sich besonders mit Verflechtungs- oder Funktionalregion befaßt. Beide Richtungen unterstellen ... spezifische Definition von Raum und Zeit; die erstgenannte greift die Newtonsche Auffassung von Raum und Zeit als *Behälter von Objekten* auf, während die andere eine relationale Auffassung von Raum und Zeit als *topologische Oberflächen* zur Grundlage hat" [7]. Dabei soll es in unserem Zusammenhang weniger um die methodologische Interpretation als vielmehr um die indirekt angesprochene Dimensionsfrage gehen.

Regional oder Region begegnen uns großräumig im Sinne der Differenzierung globaler Probleme, bei deren Beschreibung z.B. ganze Ländergruppen als Basiseinheiten für die regionale Differenzierung zugrunde gelegt werden, oder aber, wenn Länder den spezifischen Gegenstand geographischer *Länderkunde* bilden. Anders dagegen wird die Region als ein relativ kleinräumiges Gebiet aufgefaßt, als Teil eines Staatsterritoriums etwa, wenn von Stadtregion, Ballungsgebiet oder Agrargebiet gesprochen wird: Dort wie hier jedoch ist Region Teil eines Ganzen.

Welche Folgerungen können an dieser Stelle aus diesen zunächst sehr allgemeinen Darlegungen abgeleitet werden?

Zumindest folgende:

1. Regionale Differenzierung (des geographischen Kontinuums) ist eine objektive Erscheinungsform im Wechselverhältnis von Gesellschaft und Natur. Sie wird geprägt sowohl von der Naturausstattung her als auch und gerade von den Aktivitäten des vergesellschafteten Menschen in seinem Stoffwechselprozeß mit der Natur.
2. Regionen sind Teilsysteme in einem übergeordneten Ganzen. Sie sind als „Geosysteme" objektive Realitäten, die sich auf Grund relativer Geschlossenheit erfassen lassen und nicht nur beschreibbar, sondern in ihrem Wesen erkennbar und damit im Prinzip auch steuerbar sind.
3. Es existieren Regionen in unterschiedlicher Dimension, was zugleich die Frage nach hierarchischen Ordnungen impliziert.

II.

Die genannten Folgerungen waren und sind für die Zielfindung und Zielorientierung angewandt-geographischer Forschungen in der DDR sehr wesentlich. Sie waren es für Forschungen zu Problemen der Ballungsgebiete seit den 60er Jahren ebenso wie zu den Stadt-Umland-Regionen in den 70er Jahren, um nur zwei Beispiele zu nennen. Sie bildeten eine entscheidende Grundlage aber vor allem im Zusammenhang mit der Ausarbeitung des genannten „Generalschemas" zu Beginn der 80er Jahre.

Das Projekt eines Generalschemas der Standortverteilung der Produktivkräfte der DDR bedeutete für die Geographen eine Bewährungssituation völlig neuer Art und Dimension. Das betraf zunächst einmal die Stellung der Geographie in einem derart umfangreichen und vielgestaltigen interdisziplinären Projekt. Wo konnte und mußte geographische Forschung darin ihren Platz finden? Mit dem Generalschema wurde zwar auf Fragen der *territorialen* Leitung und Planung gezielt, aber zunächst im volkswirtschaftlichen Sinne. Es ging um Grundfragen einer *Strategie* zur Entwicklung der *Territorialstruktur der Volkswirtschaft* für einen Langfristzeitraum ebenso wie um die Entwicklung eines *Vorplaninstruments*, mit dessen Hilfe Vororientierungen an zentrale Leitungs- und Planungsorgane des Staates für den kommenden Fünfjahrplan gegeben werden sollten. Damit war ein breites Spektrum von Aussagen gefragt zu ökonomischen, sozialen, technischen und ökologischen Bedingungen und Prozessen, zu Naturressourcen, zur Leistungsentwicklung der Produktion und bis hin zu den sich verändernden Bedürfnisstrukturen bei der weiteren Ausgestaltung der sozialistischen Lebensweise. Es wurden dazu methodologische Grundpositionen und methodisches Instrumentarium aus einem breiten Kreis von Wissensdisziplinen unter dem Dach interdisziplinärer Territorialforschung abgefordert.

Das stellte die Frage nach den methodologischen Voraussetzungen und den methodischen Möglichkeiten auch der Geographie. Und dabei schließlich, aber nicht zuletzt, erhob sich die Frage auch nach dem einsetzbaren Potential der Geographie in der DDR sowie der Orientierung und Organisation dieses Potentialeinsatzes. Diese Fragen trafen die Geographen der DDR jedoch nicht völlig unvorbereitet, da angewandt-geographische Arbeiten nicht nur am Akademieinstitut, sondern auch und gerade an den Hochschulinstitutionen eine z. T. schon 2 oder 3 Jahrzehnte lange Tradition hatten. Was aus Potentialgründen, aber auch aus dem inneren Entwicklungsstand der Geographie in der DDR heraus nötig wurde, war eine Beschränkung auf ein wohldefiniertes Feld der Mitarbeit am Generalschema. Neben einer zunächst begrenzten Arbeit zu Problemen der Flächennutzung konzentrierte sich die geographische Forschung auf das „Gebietsproblem" [8].

Der Ansatz dazu ergab sich aus zwei Grundhypothesen, die abgeleitet wurden aus der Realität einer mehr als 3 Jahrzehnte währenden Entwicklung der Territorialstruktur in der DDR unter sozialistischen Produktionsverhältnissen, dem Übergang zur umfassenden Intensivierung der volkswirtschaftlichen Entwicklung seit den 70er Jahren und absehbarer Tendenzen der gesellschaftlichen Entwicklung entsprechend den gesellschaftspolitischen Zielstellungen bis zum Jahr 2000. Die erste Hypothese beschrieb eine erreichte und auch künftig voraussehbare relative Stabilität der territorialen Grundstruktur der Volkswirtschaft, d. h. eine relative Stabilität der territorialen Grundproportionen des volkswirtschaftlichen Gesamtsystems. Die zweite Hypothese betonte die auch künftige Dynamik der gesellschaftlichen Entwicklung, ging aber davon aus, daß diese Dynamik vorrangig in gebietlichen Entwicklungen wirksam werden wird.

Das bot einen unmittelbaren Einstieg der Geographie unter dem Aspekt von Region und Regionierung. Hier trafen sich Aufgabe und Anspruch angewandter Geographie.

Die Einzelergebnisse der darauf aufgebauten „Gebietsforschungen" können hier nicht dargelegt werden. Auch aus den Verallgemeinerungen sollen beispielhaft nur wenige Thesen angeführt werden:

1. Die Regionen (oder Gebiete) sind eine spezifische Kategorie von *Teilsystemen* des volkswirtschaftlichen Gesamtsystems oder des territorialen Gesamtsystems des gesellchaftlichen Reproduktionsprozesses. Sie haben als Teilsysteme eine relative Geschlossenheit u. a. dadurch, daß sich in ihren Teilzyklen der gesellschaftlichen Reproduktion realisieren.
2. So wie durch eine Optimierung der volkswirtschaftlichen Proportionen volkswirtschaftliche Struktureffekte und durch die Optimierung von Zweigstrukturen zweigliche Struktureffekte erschlossen werden können, so lassen sich durch die Optimierung regionaler Strukturen, d. h. durch innergebietliche planmäßig proportionale Entwicklung regionale *Struktureffekte* erschließen – ökonomisch, sozial und auch ökologisch.
3. Regionale Strukturen und Prozesse haben einen einmaligen in jeder Region spezifischen Charakter. Es gibt in ihnen aber auch allgemeine oder zu verallgemeinernde Merkmale, die eine *Typisierung* ermöglichen. Eine im Zusammenhang mit der Bearbeitung der Gebietsprobleme entwickelte Typisierung der Kreise der DDR nach Wirtschaftsfunktionen und Urbanisierungsmerkmalen ermöglichte eine verallgemeinernde Regionierung der DDR [9].

Diese und andere theoretisch und praktisch bedeutungsvollen Aussagen konnten mit den Forschungen zum ersten Generalschema aus Kapazitäts- wie auch aus methodologischen Gründen und nicht zuletzt auch des begrenzten Methodenspektrums wegen zunächst nur teilweise belegt werden. Sie sind damit Ergebnis bisheriger, zugleich aber auch Programm für künftige Forschungen. In diesem Sinne ist die weitere Diskussion einiger Probleme nötig, auf die Scherf (1984) nur teilweise eingegangen ist.

Es gehört dazu ohne Zweifel das Problem der Regionsdefinition unter einem sehr konkreten Aspekt: Ob nämlich und bis zu welchem Grad die politisch-administrativen Glieder des Staates, die Bezirke und Kreise in der DDR, als Regionen in angewandt-geographischem Sinne anzusprechen sind. Dabei ist es m. E. unbestreitbar, daß durch die zentralisierte Leitungs- und Planungshierarchie, die faktisch alle wesentlichen Prozesse der gesellschaftlichen Reproduktion umfaßt, gerade die mittleren politisch-administrativen Einheiten, die regionalen also, sich im Ergebnis einer mehr als drei Jahrzehnte währenden Entwicklung unter sozialistischen Produktionsverhältnissen zu relativ geschlossenen Teilsystemen entwickelt haben. Das vollzog sich im Rahmen der territorialen Arbeitsteilung durch eine zunehmend planmäßig proportionale Entwicklung der Bezirke und Kreise mit einer sich vertiefenden Funktionsspezialisierung der regionalen Teilsysteme innerhalb des territorialen Gesamtsystems. Nicht zuletzt haben auch die juristischen Grundlagen des Staatsaufbaus in der DDR dazu beigetragen, daß mit der langfristig stabilen politisch-administrativen Gliederung sich die Bezirke zu grundlegenden objektiven Wirtschaftsgebieten im Rahmen der Territorialstruktur der Volkswirtschaft entwickelt haben [10]. Bezirke, Kreise, Städte und Gemeinden umfassen darüber hinaus Systeme sozialer Gemeinschaften und lassen sich so auch als „soziale Reproduktionsräume" definieren.

Damit wird nicht bestritten, daß es möglich und in bestimmten Zusammenhängen auch nötig ist, nach ökonomischen, sozialen oder naturgebundenen Struktur- oder Funktionsmerkmalen objektive Regionen abzugrenzen, die von den administrativen Grenzen relativ oder absolut unabhängig sind. Das trifft zum Beispiel für die Abgrenzung von Stadtregionen [11] wie auch für Ballungsgebiete zu oder für die Abgrenzung von solchen regionalen Strukturen des Stoffwechselprozesses von Gesellschaft und Natur, bei denen die Naturkomponenten eine wesentliche Einflußgröße bilden, bei Bergbaurevieren etwa oder bei Agrargebieten.

Eine allgemeine Erkenntnis aus den Arbeiten zu regionalen Problemen im Rahmen des „Generalschemas" liegt darin, daß eine Analyse, Diagnose und Prognose der regionalen Differenzierung von ökonomischen, sozialen und ökologischen Reproduktionsbedingungen und Reproduktionsprozessen nicht mit bloß formalen Mitteln geschehen kann, wie das etwa durch die Gegenüberstellung von homogenen, funktionalen oder Planungsregionen von der Raumforschung in kapitalistischen Ländern versucht wird [12]. Entscheidend sind vielmehr wesentliche inhaltliche Probleme wie die Frage der zunehmenden Komplexität innergebietlicher Entwicklungen und das Problem der planmäßig proportionalen Entwicklung innerhalb und zwischen Regionen. Dabei ist auch unter sozialistischen Verhältnissen Proportionalität kein zu einem bestimmten Zeitpunkt erreichter Endzustand. Das hieße letztlich, die Dynamik zu leugnen. Ökonomische und soziale Dynamik sind es aber gerade, die Proportionalität zu einer ständigen Aufgabe auch der regionalen Leitung und Planung machen.

III.

Ich möchte damit eine *dritte Ebene der Betrachtung* zumindest noch anreißen.

Um noch einmal beim Beispiel der administrativ begrenzten Regionen zu bleiben: zwei Themenkomplexe sind in jüngster Zeit mit besonderer Betonung in Dokumenten und Beschlüssen wiederholt herausgestellt worden – der territoriale Leistungsvergleich sowie die Fragen der Triebkräfte im Sozialismus. Das eine berührt explizit Regionalentwicklung in administrativ begrenzten Gebieten. Das zweite scheint zunächst neben den Ökonomen den Soziologen zuzukommen. Ist aber z. B. wachsendes Heimatgefühl, als Ortsverbundenheit wie auch als Regionalverbundenheit, nicht eine Triebkraft, die aus sehr unterschiedlichen und dabei auch vielfältigen geographischen Wurzeln erwächst? Dabei ist allerdings der traditionelle Kulturlandschaftsbegriff kaum als Erklärungsansatz ausreichend, denn viel Heimatverbindung erwächst heute aus der Identifikation mit der Heimatstadt, dem Heimatdorf, dem Heimatkreis und auch dem Heimatbezirk aus einem ganzen Komplex von sozialökonomischen Bezügen. Die Identifikation wird dabei von der lokalen, aber vermutlich noch weit mehr von der regionalen Umwelt in einem sehr breiten geographischen Sinn wesentlich bestimmt – unter Einschluß auch von „landschaftlichen" Komponenten. Als Triebkraft bewußt genutzt, vermag die Heimatbindung manches heute noch offene lokale oder regionale Problem mit lösen zu helfen.

Mit diesem Beispiel soll zweierlei angesprochen werden: Zum *ersten* gewinnt das „Regionale" mit der weiteren Entwicklung der sozialistischen Ökonomie und der sozialistischen Lebensweise eine ständig wachsende Bedeutung. Zu seiner Erfassung und Bewertung sowie der Leitung und Planung regionaler Entwicklungen bestehen unter sozialistischen Produktionsverhältnissen nicht nur die prinzipiellen Möglichkeiten, sondern neben den politischen auch juristische und andere Voraussetzungen, die m. E. durch die gegenwärtigen Formen der Territorialplanung nicht voll ausgeschöpft werden. Aus dem „regionalen" Anspruch der angewandten Geographie heraus leitet sich von daher ein spezieller gesellschaftlicher Auftrag ab.

Zum *zweiten*: In Anmerkungen zu einem Manuskript schrieb der Jubilar mit Datum vom 30. 5. 1979: „Die referierten Gedanken, . . ., enthalten unausgesprochen, vielleicht auch noch gar nicht klar gesehen, für den kritischen Betrachter die Herausforderung darüber nachzudenken, ob nicht der *Konzeption* eine viel größere Bedeutung als je zuvor beizumessen ist, – ja, ob *konzeptionelles*, zweifellos näher zu definierendes Denken nicht geradezu eine Wende gegenüber dem traditionellen „Entwicklungsdenken" (in der Geographie) darstellt" [13].

Ich meine, daß die Entwicklung angewandt-geographischer Forschungen international, und aus den vorgetragenen Beispielen auch für die DDR ablesbar, tatsächlich in hohem Maße diesen Gedanken bestätigten.

Das ist in unserem Zusammenhang insofern von besonderer Bedeutung, weil nicht nur mit dem „Generalschema" *konzeptionelle* Aussagen explizit von den Territorialwissenschaften gefordert wurden und werden, sondern darüber hinaus für den Zeitraum 1986 bis 1990 mit der neuen „Planungsordnung“ durch den Gesetzgeber die Aufgabe gestellt worden ist, für „Bezirke und ausgewählte Gebiete und Städte“ territoriale Entwicklungs*konzeptionen* zu erarbeiten – neben den Generalbebauungsplänen für die Städte und Ortsgestaltungs- oder Gemeindeentwicklungskonzeptionen für die Dörfer [14].

Konzeptionelles Denken in Konzeptionen umgesetzt, wird jedoch erst und nur dann tragfähig, wenn die Konzeptionen „greifen“. Das ist eine Frage des wissenschaftlichen Gehalts nach Inhalt und Form. Oder allgemeiner und zugleich präziser: eine Frage der Entsprechung und Übereinstimmung einer Konzeption mit der Realität der gesellschaftlichen Entwicklung und ihren Entwicklungsgesetzen.

Für die angewandte Geographie – wie für jede andere Wissenschaft mit „praktisch-produktiver Funktion“ – ergibt sich daraus ein allgemeines und zugleich spezifisches „Adressaten-Problem“: Die Bestimmung von Regionen, die Analyse, Diagnose und schließlich die Prognose ihrer Strukturen und Entwicklungsprozesse, die Herausarbeitung des Allgemeinen wie des Spezifischen einer konkreten Region als Teilsystem eines sozialökonomischen Gesamtsystems muß nach Inhalt und Form so gestaltet sein, daß die wissenschaftliche Aussage sich in praktisches politisches Handeln transponieren läßt. Wenn damit keinem platten Pragmatismus das Wort geredet werden soll, liegt die Lösung allein in dem unmittelbaren und direkten Kontakt des wissenschaftlichen arbeitenden Geographen mit dem politische Entscheidungen fällenden oder vorbereitenden „Praktiker“ auf zentraler, regionaler oder lokaler Ebene der territorialen Leitung und Planung vor allem. Auch das ist eine Erfahrung, die zwar nicht erst durch geographische Mitarbeit am „Generalschema“ gewonnen worden ist, aber durch diese eine besondere Bestätigung erfuhr.

Erfahrung in einem solchen Sinne immer erneut aufzuarbeiten und wissenschaftlich zu verallgemeinern war und ist, so scheint mir, eine Lebensmaxime des Jubilars.

Literatur

[1] Mohs, G.: Geographische Raumkategorien und territoriale Planung. In: Geographie, Kartographie, Umweltforschung – Edgar Lehmann zum 75. Geburtstag. Sitzungsberichte d. AdW d. DDR, Jg. 1980, Nr. 5/N, 76–99.

[2] Lüdemann, H.: Entwicklungsprobleme der geographischen Forschung in der DDR. In: Geographie und Territorialstruktur in der DDR. Beiträge zur Geographie, Bd. 31, Akad.-Verlag Berlin, 1983.

[3] Lehmann, E.: Zur theoretischen Grundlegung des Begriffes Region. Geogr. Berichte (66), Jg. 1973, H. 1, 42.

[4] Hagget, P.: Geographie – eine moderne Synthese. 1983, 81.

[5] Sauschkin, J. G.: Studien zur Geschichte und Methodologie der geographischen Wissenschaft. Gotha 1978, 15.

[6] Nekrassow, N. N.: Territorialökonomie. Berlin 1979.

[7] Buttimer, A.: Ideal und Wirklichkeit in der angewandten Geographie. Münchner geographische Hefte, 51, 1984, 65.

[8] Scherf, K.: Aufgaben und Ergebnisse ökonomisch-geographischer Forschung als wissenschaftlicher Beitrag zur Analyse, Prognose und Planung der Standortverteilung der Produktivkräfte in der Deutschen Demokratischen Republik. Petermanns Geogr. Mitt., Jg. 1984, H. 2.
Ostwald, W.: Die Territorialstruktur der gesellschaftlichen Reproduktion als Bedingung und Gegenstand der umfassenden Intensivierung. Wirtschaftswissenschaft 33, Jg. 1985, H. 10.

[9] Auf der Grundlage eines von R. Thürmer erarbeiteten probabilistischen Typisierungs- und Regionierungsverfahrens wurden als Gebietstypen charakterisiert: 1. Ballungsgebiete – einschl. der Sonderform Berlin, Hauptstadt der DDR, 2. Industriegebiete, 3. Agrarisch-industrielle Mischgebiete, 4. Gebiete mit stark agrarischer Prägung, aber mit bedeutenden städtisch-industriellen Zentren, 5. Gebiete mit relativ einseitiger Profilierung auf agrarische Produktion und vorherrschend ländlicher Siedlungsweise. Die auf der Basis der administrativen Kreise durchgeführte Typisierung führte zur Gliederung der DDR in 7 Großregionen. Verfahren und Ergebnisse sind beschrieben in G. Mohs / F. Grimm / J. Heinzmann / R. Thuermer: The Regional Differentiation of the German Democratic Republic – Structure, Dynamics, Development. GeoJournal 8.1., Jg. 1984, H. 1, 7–22.

[10] Diese Entwicklung wird auch künftig gefördert, insbesondere durch die 1985 in Kraft getretene Neufassung des „Gesetzes über die örtlichen Volksvertretungen" (Gbl. der DDR, I Nr. 18, vom 4. 7. 1985).
In ihm werden vor allem den Bezirken (in eingeschränktem Maße auch den Kreisen) erhebliche Vollmachten zugesprochen für die Leitung und Planung sowie die Kontrolle ökonomischer Prozesse, die Bilanzierung und den Einsatz des gesellschaftlichen Arbeitsvermögens, die Steuerung sozialer Prozesse und nicht zuletzt in Hinsicht auf den Umweltschutz und die Umweltgestaltung im Sinne „regionaler" Verantwortung. Vgl. auch W. Ostwald, a. a. O., 1443.

[11] Allerdings hat Krönert bei seinen Untersuchungen zu den Stadt-Umland-Regionen der DDR auch nachgewiesen, daß sowohl für die Bezirks- als auch für die Kreisstädte der DDR in der Mehrzahl der Fälle der administrative Bezirk oder Kreis zusammen mit seinem Zentrum als eine relativ geschlossene funktionale Stadt-Umland-Region angesprochen werden kann. Vgl. R. Kroenert: The Settlement System and Functional Urban Regions in the German Democratic Republic. In: Human Settlement Systems: Spatial Patterns and Trends. IIASA CP–82–51, Laxenburg 1982.

[12] Zum Beispiel bei E. Lauschmann: Grundlagen einer Theorie der Regionalpolitik. Hannover 1976.

[13] Lehmann, E.: Bemerkungen zum Manuskript des Herrn Dr. F. Hönsch über „Die Herausbildung konzeptioneller Vorstellungen zu komplexen regionalgeographischen Darstellungen in der sowjetischen ökonomischen Geographie nach 1960." Manuskript, 1979, 3 S., IGG Leipzig.

[14] Siehe Autorenkollektiv: Planungsordnung 1986–1990. Verlag Die Wirtschaft, Berlin 1985.

Heinz Hubrich

Die naturräumliche Basiskarte und deren Interpretation für Aspekte der Landnutzung

Die hinreichend bekannte Tatsache, daß mit steigender Produktion zwangsläufig auch die Nutzung der Natur und ihrer Ressourcen intensiver und umfänglicher wird, zwingt die Wissenschaft dazu, sich stärker als bisher mit der Natur im Hinblick auf deren Nutzungseignung und Belastbarkeit in Gegenwart und Zukunft zu befassen. Mit den fachspezifischen Möglichkeiten der Physischen Geographie soll durch das „Projekt NTK" (= Naturraum-Typen-Kartierung der DDR) ein angemessener Beitrag dafür geleistet werden. Es ist das Ziel dieses Forschungsprojekts, die natürliche Ausstattung des Territoriums unseres Landes in seiner räumlichen Differenzierung zu erkunden und zu kartieren sowie deren Eignung für verschiedene Formen der gesellschaftlichen Nutzung auszuweisen und zu beschreiben.

Nach mehrjähriger Forschungsarbeit sind dafür die theoretischen und methodischen Voraussetzungen geschaffen worden. Die erreichten Ergebnisse sind mit Kartierungsbeispielen verknüpft, die einmal die Brauchbarkeit des Lösungsweges belegen und zum anderen grundlegende Informationen über die bearbeiteten Gebiete liefern. Im Rahmen der von mehreren kooperierenden Einrichtungen in der DDR getragenen arbeitsteiligen Forschung an diesem Projekt wurde u. a. das Blatt Oschatz (1:50 000) bearbeitet, worüber nachfolgend berichtet wird. (Aus drucktechnischen Gründen ist es nicht möglich, die bearbeitete Karte oder einen Ausschnitt davon vorzulegen, weshalb sich die folgenden Ausführungen auf die Inhaltsbeschreibung konzentrieren.)

1. *Naturräumliche Differenzierung*

Mit der Erkundung und Kartierung der naturräumlichen Differenzierung wird die Grundlage für die weiterführenden Arbeiten im Sinne der Zielstellung geschaffen. Das Ergebnis dieser ersten Arbeitsstufe ist die „Basiskarte", d. h. die Karte der naturräumlichen Gliederung und Dokumentation der Kartierungseinheiten nach wesentlichen Merkmalen. Gemäß der hierarchischen Ordnung des Naturraumes sind die auf dem Blatt Oschatz kartierten Areale Nanochoren (= rangniedrigste heterogene naturräumliche Einheit); sie werden zu Typen zusammengefaßt und als solche beschrieben. Bestimmend hierfür sind die Merkmale

- Kopplungstyp (= Gefügestil, d. h. Lage des Nanochorentyps bzw. der Nanochore im Mesorelief sowie Anordnung subordinierter naturräumlicher Einheiten),
- bodenbildendes Substrat,
- Leit- und Begleit-Bodenformen und
- Hangneigungsgruppen.

Die Basiskarte Blatt Oschatz 1 : 50 000 umfaßt einen Ausschnitt aus dem sächsischen Hügelland. Der nördliche Teil gehört zu den „Nordsächsischen Altmoränenplatten" und der südliche zum „Mittelsächsischen Lößhügelland"; im Nordwesten ragen die Ausläufer des „Nordwestsächsischen Porphyrhügellandes" in das Blatt hinein.

Als Ordnungsprinzip im naturräumlichen Gefüge der Basiskarte Oschatz setzt sich in erster Linie der Wechsel der oberen Bodensubstrate, Löß, sandiger Löß, Sandlöß und schluffiger Treibsand sowie in den Talauen die faziell unterschiedlichen Auelehme, durch. Erst in zweiter Linie sind es Relief und Tiefenlage des Grundwassers. Zusammengefaßt nach dem Kriterium des bodenbildenden Substrats lassen sich folgende Klassen von Nanochorentypen unterscheiden:

1. Mächtige Lösse und sandige Lösse im Süden.
2. Mächtige sandige Lösse und Sandlösse in einem sehr schmalen Übergangsbereich zwischen Lößhügelland im Süden und den nördlichen Gebietsteilen.
3. Sandiger Löß bis Sandlöß über Geschiebelehm, großflächig auf der „Wermsdorfer Platte" verbreitet.
4. Sandiger Löß bis Sandlöß über Geschiebelehm und glazifluvialem Sand im Wechsel, vorherrschend im nördlichen, nordöstlichen und östlichen Teil des Kartenblattes.
5. Sandiger Löß bis Sandlöß und schluffiger Treibsand über glazifluvialem Sand, alternierend mit 4.
6. Festgestein und Gesteinsschutt, Singularitäten in den weithin verbreiteten mächtigen Decken aus pleistozänen Sedimenten; besonders markant der weithin sichtbare Collm bei Oschatz.
7. Auelehme der Talauen mit variierndem Grundwasserspiegel.
8. Kleine Täler mit wechselnden Substraten.

Das Kartenblatt enthält insgesamt 343 Nanochoren, die in 48 Nanochorentypen (nach o. gen. Merkmalen) zusammengefaßt sind. Drei dieser Typen sind als Beispiele für das Prinzip der Kartierung und Dokumentation sowie für die nutzungsrelevate Interpretation ausgewählt worden (Tab. 1). Bei der kartographischen Darstellung sind drei Merkmale als Karteninhalte berücksichtigt worden: Bodenbildende Substrate in Farbe, Kopplungstypen in Strichsignaturen und Bodentypen in Punktsignaturen. Die Kartenlegende wird infor-

Tabelle 1 Charakteristik der Nanochorentypen (Beispiele)

Typ-Nr.	**30. P SLö/L+S P**	**3. PH Lö P**	**23. T AL G,M**
Kopplungstyp:	Plattengefüge	Platten-Hang-gefüge	Talgefüge
Nutzung:	Acker	vorherrschend Acker	vorherrschend Grünland
Vegetation:	Ruhrkraut-Kamillen-Acker	Kamillen-Acker	Flutschwaden-Knickfuchs-schwanz- und seggenreiche Kohldistel-Wiese
Mesorelief:	Platten	geneigte Platten bis schwach geneigte Hänge, stellenw. flach-kuppig, wellig und zerschnitten	Talauen
Hang-neigungen:	0–2° 75+%	0–2° 25–50% 2–5° 25–50% 5–8° 10–25%	0–2° 75+%
Gestein:	Sandlöß über Geschiebelehm und glazifluvialem Sand	Löß, stellenweise sandiger Löß	Auelehm
Bodenformen:	Sandlöß/Tieflehm- und -/Tiefsalm-Parabraunerden je 25–50%; Decksandlöß-Parabraunerden, Sandlöß/Tieflehm-Braunstaugleye je 5–10%	Löß-Parabraun-erden, gekappt 50–75%; Löß-Parabraun- und Fahlerden 10–25%	Auelehm- bis -ton-Grau- und Humus-gleye 50–75%; Auelehm-Vega- und Amphigleye 25–50%

mativ ergänzt durch eine Beschreibung der Nanochorentypen in Form eines genormten Dokumentationsblattes. Damit wird das Verständnis für Karte und Inhaltskennzeichnung auch für den Nutzer gefördert.

2. *Ergänzungen und Interpretationen der Basiskarte*

Die erkundete und kartographisch fixierte naturräumliche Ordnung auf Blatt Oschatz ist im Zusammenhang mit der Dokumentation der Kartierungseinheiten Informations- und Bezugsbasis für Ergänzungen und Interpretationen hinsichtlich der Nutzungseignung von Nanochorentypen.

2.1. Pedohydrologische Eigenschaften

Eine mögliche Ergänzung der Basiskarte und ihrer Dokumentation ist die Beschreibung von Faktoren des Bodenwasserhaushalts. Für eine Reihe landnutzender Wirtschaftszweige ist neben den hydrogeologischen Bedingungen der Bodenwasserhaushalt ein ganz wesentlicher und in einigen Fällen entscheidender Faktor dafür, ob wirtschaftliche Aktivitäten möglich oder nicht möglich, erfolgreich oder mit einem zu hohem Risiko belastet sind. Es werden Informationen für Land-, Forst- und Wasserwirtschaft im besonderen, aber auch für Kommunal- und Bauwirtschaft bereitgestellt, und zwar im Hinblick auf

- den Bodenwasserhaushalt als Kennwert der Bodenfruchtbarkeit,
- Hinweise auf solche Flächen, deren Bodenwasserhaushalt zu korrigieren notwendig und erfolgversprechend ist,
- Bedingungen zur Grundwasserneubildung,
- mögliche Speicherung und Infiltration von Agrochemikalien und suspendierten Abprodukten,
- fördernde und hemmende Eigenschaften für die Bebaubarkeit (z. B. für infrastrukturelle Anlagen, Hausbauten mit flacher Gründung).

In Verknüpfung von verbaler Kennzeichnung der Kartierungseinheiten und den ihnen zugrunde liegenden Daten konnte das Merkmalsspektrum gezielt erweitert werden:

- Einstufung der Leit- und Begleit-Bodenformen in Typen des Bodenwasser-Regimes,
- Zusammenfassung der Typen des Bodenwasser-Regimes nach der Vergesellschaftung innerhalb der Nanochorentypen zu „Pedohydrotypen-Kombinationen".

Zur Typenermittlung sind nachfolgend aufgeführte Merkmale verwendet worden:

- Experimentell durch Feldversuche ermittelte Werte des Versickerungsvermögens und des Speichervermögens,
- im Labor bestimmte Werte der Wasserkapazität,
- statistische Berechnung der mittleren Frühjahrsfeuchte aus mehrjährigen Bodenfeuchte-Messungen sowie
- Stufen der Stauvernässung und des Grundwasserstandes.

Nach diesen Kriterien und der Vergesellschaftung von Typen des Bodenwasser-Regimes ließen sich aus den 48 Nanochorentypen 42 Pedohydrotypen-Kombinationen aussondern. Die ausgesuchten Beispiele informieren über die Typenbestimmung und Typenmerkmale als Beleg für das Grundprizip der Selektion (Tab. 2).

Hinsichtlich der räumlichen Verbreitung der Pedohydrotypenkombinationen ist eine straffe Korrelation zu den bodenbildenden Substraten natürlicherweise gegeben und damit eine generell Nord-Süd orientierte Abfolge

Tabelle 2 Pedohydrologische Eigenschaften von Nanochorentypen (Beispiele) – Pedohydrotypen – Kombinationen –

	Pedohydrotypen	Wasserkapazität (in Vol.%)	Mittlere Frühjahrsfeuchte (in Vol.%)	Versickerungsvermögen	Speichervermögen
		0...6 / 6...12 dm unter Flur		(dm unter Flur)	
30.	Si 23	36–40 / 30–36	32–35 / 25–32	0...6 sehr gut 6+ schwach stauend	0...6 gut 6+ mäßig bis gering
	Si 21	36–40 / 27–29	32–35 / 21–24	0...12 sehr gut	0...6 gut 6+ mäßig bis gering
	(St 13)	37–40	33–35	0...4 sehr gut 4+ schwach bis mäßig stauend	0...3 gut bis sehr gut 3...6 ziemlich gut 6+ mäßig
3.	Si 3	36–40 / 36–40	32–35 / 32–35	0...6 sehr gut 6+ schwach stauend	0...6 sehr gut bis gut 6+ gut
23.	G 31+32	// mittlerer Grundwasser-Höchststand 2...6 dm unter Flur //			0...6 sehr gut bis gut
	(G 22)	42–49		0...6 sehr gut	
		// mittlerer Grundwasser-Höchststand 6...10 dm unter Flur //			
	(St 1/G 1)	34–42	35–38	0...4 sehr gut	
		// mittlerer Grundwasser-Höchststand 6...10 dm unter Flur //			
				4+ stauend	

Anmerkung: In ( ) gesetzte Pedohydrotypen haben geringere Verbreitung feststellbar: Großflächig sind im nördlichen Teil grobkörnige Unterboden- und Untergrundsubstrate verbreitet. Hohe Durchlässigkeit und geringe bis sehr geringe Speicherfähigkeit sind für solche Nanochoren kennzeichnend. Im Hinblick auf die Pflanzenproduktion sind es Bereiche mit hoher Anfälligkeit gegenüber Austrocknung des Bodens, wenn nicht Wasser in angemessener zeitlicher Verteilung und Menge zugeführt wird. Es lohnt sich zu prüfen, ob nicht ohnehin der forstwirtschaftlichen Nutzung der Vorzug – über den bereits vorhandenen Bestand hinaus – zu geben wäre. Die vergleichsweise rasche Infiltration begünstigt zwar die Grundwasserneubildung, beeinträchtigt aber auch – bei unsachgemäßem Umgang mit Agrochemikalien – die Grundwasserqualität.

Im Gegensatz dazu steht der im großen und ganzen recht einheitliche großflächige Bereich des Lößhügellandes im Süden. Hohe bis sehr hohe Wasserkapazität macht die Böden für sehr anspruchsvolle Anbaufrüchte sehr geeignet; andere Landnutzungsformen treten demgegenüber zurück. Der Beitrag zur Grundwasserbildung ist sehr gering.

Streng genommen ist die Nord-Süd-Abfolge vor allem durch die Abfolge äolischer Deckensedimente prädestiniert; der Wechsel in den liegenden Substraten zeigt diese Regelmäßigkeit nicht. Besonders nördlich der Lößgrenze ist das Mosaik der Pedohydrotypen-Kombinationen sehr vielfältig. Hervorzuheben verdient die pedohydrologische Situation im Nordwesten des Blattes, in der Wermsdorfer Platte: Zeitweilige Staunässe, vor allem im Frühjahr nach der Schneeschmelze, und die sommerliche Austrocknung haben ein ungünstiges, sehr stark ausgeprägtes Bodenwechselklima zur Folge. Die Infiltrationsraten sind niedrig durch verdichtete Bodenhorizonte, wodurch sich die Verweildauer des Bodenwassers nahe der Bodenoberfläche verlängert, was die Evaporation begünstigt. Für die Neubildung von Grundwasser sind unerhebliche bis gar keine Beträge zu erwarten. Für die Pflanzenproduktion sind sowohl für Erträge als auch für agrotechnische Termine sehr ungünstige Voraussetzungen gegeben. Gleiches gilt für die Bebaubarkeit, z. B. für den Straßenbau (erkennbar an der hohen Frequenz von Frostaufbrüchen).

2.2. Disposition für Bodenerosion

Die Bodenerosion, ein episodisch wirksamer Einflußfaktor auf Zustand und Veränderung der Bodenecke, ist infolge der Vergrößerung von Ackerschlägen und einer dem entsprechenden Flurgestaltung ein ernst zu nehmender Stör- und Schadfaktor in der landwirtschaftlichen Bodenkultur und Pflanzenproduktion geworden. Im Zusammenhang mit Maßnahmen zur Intensivierung der Pflanzenproduktion müssen die Bedingungen für Bodenerosion und damit unerwünschte Veränderungen in der Bodendecke weit mehr Aufmerksamkeit und Berücksichtigung finden als bisher.

Zur Kennzeichnung solcher kritischen Bedingungen auf Blatt Oschatz werden einschlägige Informationsgehalte der Basiskarte für eine entsprechende Information genutzt.

Der Prozeß der Bodenerosion und – zwangsläufig verbunden damit – der Bodenakkumulation ist an verschiedene Faktoren gebunden, die entscheiden und beeinflussen, welche Geländeschläge durch Bodenerosion beeinträchtigt werden und mit welcher Intensität diese Prozesse ablaufen. Das auslösende Moment und Transportmedium, das Niederschlagswasser, tritt episodisch auf und ist daher langfristig nicht vorhersagbar. Variierende Faktoren im Jahresgang und auch über mehrere Jahre sind die Kulturpflanzendecke, nach Art, Dichte und Wuchshöhe, sowie die Bodenfeuchte. Vergleichsweise stabile Faktoren der Bodenerosion sind Reliefkonfigurationen, Hangneigungen und Bodenformen. Diese gehören zum Merkmalsspektrum der Erkundung von Nanochoren und werden hier deshalb zur Kennzeichnung der Disposition für wassergebundene (!) Bodenerosion herangezogen. Ausgehend von der Tatsache, daß die Anfälligkeit gegenüber Bodenerosion mit zunehmender Hangneigung, höherem Feinkornanteil und höherem Hydromorphiegrad des Bodens wächst, werden als Kriterien für die Beurteilung der Erosionsdisposition die Merkmale Mesorelief, Hangneigung, Substrat- und Bodentyp herangezogen.

Tabelle 3 Disposition von Nanochorentypen für Bodenerosion (Beispiele)

Typ	Mesorelief Hangneigung	Stufe R	Substrattyp Bodentyp	Stufe B	Stufe R+B
30.	ebene Platten 0–2° 75+%	1 1	Sandlöß über Lehm und Sand Parabraunerden 50–75%	3 3	4 geringe Disposition
3.	geneigte Platten bis schwach geneigte Hänge, stellenweise flachkuppig und zerschnitten 0–2° 25–50%, 2–5° 25–50%, 5–8° 10–25%	3	Löß Parabraunerden 75+%	4	7 ziemlich hohe Disposition
23.	Talauen 0–2° 75+%	0	Auelehme Vegagleye, Amphigleye, Graugleye, Humusgleye 75+%	4+5	4+5 tatsächlich wegen geringer Neigung ohne Disposition

Die Beurteilung der Relief- und Bodenverhältnisse erfolgt getrennt je nach 5 Rangstufen. Aus beiden wird durch Summenbildung die Erosionsdisposition bestimmt. Die Akkumulation von erodiertem Bodenmaterial wird nach der Reliefkonfiguration berücksichtigt und eingestuft. Nach den vorgenannten Kriterien lassen sich auf Blatt Oschatz 16 Gruppen von Nanochorentypen mit unterschiedlicher Erosionsdisposition unterscheiden (siehe Beispiele Tab. 3).

In der flächenhaften Verteilung der Dispositionsstufen fällt der südliche Teil mit mittleren bis sehr hohen Dispositionswerten auf. Zwangsläufig sind auch hier die meisten Akkumulationsflächen zu finden, besonders die zahlreichen, das Lößhügelland gliedernden Dellen. Die vielerorts geübten Praktiken der letzten Jahre, Dellen als natürliche Schlaggrenzen zu überpflügen, um größere Ackerschläge zu erhalten, haben zur Vergrößerung der Einzugsgebiete für die Bodenerosion geführt. Die recht einheitliche Bodendecke im Lößgebiet begünstigt solche Absichten, aber Reliefverhältnisse und Hangneigung stehen dem deutlich entgegen.

Nördlich des Lößhügellandes dominieren mittlere Werte der Erosionsdisposition vor allem auf Grund der geringeren Reliefenergie. Der Flächenanteil von geringer Erosionsdisposition ist deutlich kleiner.

Überall dort, wo hohe Erosionsdispositionen ausgewiesen ist, sollte bereits bei der Anbauplanung der Schutz vor Bodenerosion durch Bodenflege und angepaßte Fruchtfolgen Berücksichtigung finden.

2.3. Entsorgungsvermögen

Eine umfassende Bestimmung des Entsorgungsvermögens eines Naturraumes ist sowohl angesichts der Vielzahl und Vielfalt der zur Entsorgung anfallenden Stoffe als auch der sehr unterschiedlichen Reaktionen der Komponenten und Elemente des Naturraums auf Stoff-Inputs nicht möglich. Unter Beachtung der vorliegenden Erkundungsergebnisse in Form von Basiskarte und deren Dokumentation wird das Entsorgungsvermögen unter dem Aspekt des Grundwasserschutzes beurteilt.

Bei Prüfung der Ergebnisse ist zu berücksichtigen, daß es – bezogen auf den Naturraum – kein absolutes Entsorgungsvermögen gibt; denn mit dem Schutz eines Mediums ist in der Regel zwangsläufig die Beeinträchtigung eines oder mehrerer anderer Medien verbunden. Weiterhin ist das Entsorgungsvermögen des Naturraums gegenüber verschiedenen belastenden Stoffen unterschiedlich zu beurteilen. Dennoch lohnt der Versuch, Beziehungen zwischen den substantiellen Komponenten des Naturraums und seinen potentiellen Entsorgungsleistungen zu ermitteln, um Anhaltspunkte für planerische Überlegungen zu erhalten.

Merkmale des Reliefs, des Bodens und der Grundwasserstand sind grundlegende Kriterien für die Beurteilung des hier gewählten Aspekts der Entsorgungseignung. Dazu gehören nach Bodenmerkmalen Filtrations-, Sperr-, Sorptions- und Gasabgabevermögen sowie nach Reliefmerkmalen Verlagerungs- (bzw. Ablagerungs-)vermögen. Diese Merkmale sind nicht direkt erfaßbar, sondern nur über laboranalytische und durch Feldbeobachtungen ermittelte Primärdaten ableitbar (Tab. 4). Im Sinne eines Algorithmus erfolgte die Erarbeitung und Wertung der Entsorgungsleistung von Nanochorentypen auf Blatt Oschatz durch folgende Arbeitsschritte:

1. Auflisten der im Gebiet vorkommenden Bodenformen nach A-, B- und C-Lagen (= genormte Unterteilung des Bodenprofils nach Oberboden, Unterboden bis 6 dm u. Fl. und Untergrund 6...12 dm u. Fl.) mit den Merkmalen Lagerungsdichte, Porenvolumen, Wasserkapazität und totale Umtauschkapazität.
2. Lagenweise Gruppenbildung von ähnlichen Bodenformen mittels Clusteranalyse.

Tabelle 4 Zur Kennzeichnung der Entsorgungseignung

1. Bezugsmerkmale

- Reliefform und Hangneigung
- Substrat- und Bodentyp
- Bodenmerkmale: Porenvolumen, Wasserkapazität und totale Austauschkapazität für Oberboden (A), bis 6 dm (B) und 6 bis 12 dm (C) Tiefe
- mittlerer Grundwasser-Höchststand:

unter 10 dm	Tiefe
6 bis 10 dm	„
2 bis 6 dm	„
0 bis 2 dm	„
0 dm	„

2. Kriterien der Entsorgungseignung

2.1. *nach Bodenmerkmalen:*

● Filtrationsvermögen (Filtr.)	= mechanisches Festhalten suspendierter Stoffe
● Sperrvermögen (Sperr.)	= Hemmung abwärts gerichteter Wasser- und Stoffbewegungen
Sorptionsvermögen (Sorp.)	= Aufnahme und/oder Austausch von Stoffen aus dem Bodenwasser
● Gasabgabevermögen (Gasabg.)	= Austausch gasförmiger Stoffe vom Grundwasser durch den Boden in die Atmosphäre

2.2. *nach Reliefmerkmalen:*

● Verlagerungsvermögen (Verlg.)	= Prozesse im Zusammenhang mit der Bodenerosion

3. Bildung von Stufenwerten für die Primärmerkmale der ermittelten Bodenformengruppen.
4. Abschätzen von Rangstufen für Filtrations-, Sperr- und Sorptionsvermögen aus den Primärdaten.
5. Ermittlung der Entsorgungseignung der Böden aus den Merkmalen von 4. durch Mittelung der Stufenwerte für A-, B- und C-Lagen.
6. Abschätzen des Gasabgabevermögens nach Primärmerkmalen.
7. Zusammenfassung von 5. und 6.
8. Ergänzung der Entsorgungseignung der Böden durch das Verlagerungsvermögen (in direktem Bezug zur Disposition für Bodenerosion).
9. Bildung von Typen gleicher Entsorgungseignung.
10. Kartierung der Areale von Typen gleicher Entsorgungseignung.

Tabelle 5 Entsorgungseignung von Nanochorentypen (Beispiele)

Typ	Lage	Entsorgungsvermögen durch Filtr. 1	Sperr. 2	Sorp. 3	Summe 1...3	Gasabg. 4	Verlg. 5	Entsorgungseignung gesamt
30.	A	4	3	2	2,4	1	4	gering
	B	3	2	1				
	C	2	4	1				
	A	4	3	3	2,9	2	4	gering bis mäßig
	B	3	3	3				
	C	3	3	1				
	(A)	(4)	(3)	(3)	(2,7)	(3)	(4)	(gering bis mäßig)
	(B)	(3)	(3)	(3)				
	(C)	(2)	(2)	(1)				
	(A)	(4)	(3)	(3)	(3,2)	(1)	(4)	(mäßig)
	(B)	(3)	(3)	(3)				
	(C)	(3)	(4)	(3)				
3.	A	5	3	3	3,4	2	7	mäßig
	B	4	3	3				
	C	4	4	2				
23.	A	5	4	5	2,0*	4	0	gering
	B	4	3	3				
	C	Grundwasser (2...6 dm u.Fl.)						
	A	5	4	5	3,0*	3	0	mäßig
	B	4	3	3				
	C	Grundwasser (6...10 dm u.Fl.)						

Anmerkung: In ( ) untergeordnete Entsorgungseignung
* Abzug von 1 bzw. 2 Wertungspunkten wegen oberflächennahem Grundwasser

Im Ergebnis dieser Bearbeitung ließen sich 12 Gruppen von Nanochorentypen mit ähnlichem Entsorgungsvermögen ausscheiden (siehe Beispiele Tab. 5).

Die geringste Leistungsfähigkeit hinsichtlich Entsorgung haben Böden mit hohem bis sehr hohem Grundwasserstand. Danach folgen Böden mit grobem Filtergerüst. Die Entsorgungsleistung – unter dem hier gewählten Aspekt – steigt mit der Feinkörnigkeit und Dichtlagerung des Bodensubstrats. Diese allgemein verständliche und zu erwartende Einschätzung wird modifiziert durch Verlagerungsvorgänge im Zusammenhang mit der Bodenerosion: örtliche Begünstigung durch Bodenabtrag einerseits und örtliche Ungunst durch Bodenablagerung anderseits.

Über weite Flächen dominieren auf Blatt Oschatz recht klare Entsorgungsbedingungen: Im Norden, Nordosten und Osten des Blattes liegen die Eignungswerte niedriger als im Westen und Süden. Vor allem im Süden, im Lößhügelland, ist die Eignung ziemlich gleich; Unterschiede gibt es im wesentlichen durch die zahlreichen Dellen mit ihrem hohen Akkumulationsvermögen durch die Bodenerosion.

3. *Allgemeine Ergebnisse und Erkenntnisse*

Für die im Rahmen des „Projekts NTK" zu lösenden Aufgaben gibt es zwei wesentliche Prämissen: Bereitstellung von nutzbaren Informationen auf der Grundlage naturräumlicher Einheiten im Range von Nanochoren sowie – diesen angepaßt – einen Kartenmaßstab von 1 : 50 000. Dementsprechend sind Art und Umfang der Resultate zu werten. Hier wie in anderen Beispielsgebieten sind die Ergebnisse nach dem Rang der Kartierungseinheiten und nach dem Kartenmaßstab als Grundlage für Planung und Projektierung landnutzender Wirtschaftszweige gedacht und auch geeignet. Karten und Dokumentation machen in dem hierbei möglichen Konkretheitsgrad deutlich, welche Areale für bestimmte Nutzungsformen geeignet bzw. ungeeignet sind, wo sich möglicherweise Schädigungen bei Inanspruchnahme von Potentialen einstellen und wo nicht. Sie sind zugleich Voraussetzung für notwendige Detailuntersuchungen bei der Realisierung von Nutzungsprojekten.

Weiterführende Ausschöpfungen der Möglichkeiten im Vergleich zu den hier vorgelegten Beispielen sind an die Erfüllung einiger Voraussetzungen gebunden, so u. a. an die nachfolgend genannten:

Erweiterung des Datenspektrums um wichtige Merkmale und zur Gewährleistung einer hinreichend gesicherten statistischen Masse.

Berücksichtigung von charakteristischen Prozeßabläufen im Jahresgang, damit Ergänzung der statischen Parameter durch dynamische.

Einsatz der Geofernerkundung zur Kartierung und zur Kontrolle von Zustand und Veränderungen auf den kartierten Flächen. EDV-gerechte Datenspeicherung und -verarbeitung bis hin zur automatisierten Kartenherstellung. Hierfür sind bereits Voraussetzungen geschaffen, an deren einschlägiger Nutzung gearbeitet wird.

4. Literatur

Grimm, F.: Erkundung von Niederschlag, Abfluß und Grundwasser im Flußgebiet der Döllnitz. Wiss. Veröff. Dt. Inst. f. Länderkde. 27/28, 1970.

Grimm, F., Hubrich, H., Krönert, R. und H. Schlüter: Bodenformen, Vegetationstypen, Bodennutzungstypen und Niederschlag-Abflußbeziehungen im Einzugsgebiet der Döllnitz. Forschungsber. Geogr. Inst. DAW zu Berlin, Leipzig 1970 (Mskr.).

Herz, K.: Großmaßstäbige Analyse von Bodenerosionsfällen. Wiss. Z. PH Dresden 4. 1978, Beiheft 1.

Herz, K.: Ein Begriffssystem der Bodenerosion. Wiss. Z. PH Dresden 6. 1980, 3.

Hubrich, H.: Bodenformen und Bodenwasser im Flußgebiet der Döllnitz. Wiss. Veröff. Dt. Inst. f. Länderkde. 27/28, 1970.

Hubrich, H.: Typisierung von Geokomplexen mittels algorithmierter Verfahren. Beispiel: Sächsisches Flach-, Hügel- und Bergland. Diss. B, AdW der DDR, IGG, Leipzig 1980 (Mskr.).

Hubrich, H., Schlüter, H. und M. Thomas: Vorläufige Klassifikation pedohydrologischer Typen der Einzugsgebiete von Döllnitz und Parthe. Forschungsber. Geogr. Inst. DAW zu Berlin, Leipzig 1971.

Hubrich, H. und M. Thomas: Typisierung und Klassifizierung von Bodenformen nach hydrologischen Merkmalen. Archiv f. Acker- u. Pflanzenbau u. Bodenkde. 17. 1973, 10.

Hubrich, H. und M. Thomas: Die Pedohydrotope der Einzugsgebiete von Döllnitz und Parthe. Beitr. z. Geogr. Bd. 29, 1978.

Kaulfuß, W.: Landschaftliche Ausstattungsstruktur und Wirkungen hydromeliorativer Maßnahmen ... In: Wiss. Abh. Geogr. Ges. DDR, Bd. 15, 1981.

Kaulfuß, W.: Untersuchungen zur Veränderung der Eigenschaften hydromeliorierter Tope. Wiss. Z. PH Dresden 8. 1982, Beiheft 3.

Kramer, M.: Beziehungen zwischen rezenter Morphodynamik und der Struktur der Bodendecke im mittelsächsischen Lößgebiet. Wiss. Z. PH Dresden 4. 1978, Beiheft 1.

Kramer, M.: Bodenerosion und Flurordnung im Mittelsächsischen Lößgebiet. In: Wiss. Abh. Geogr. Ges. DDR 15. 1981.

Krönert, R.: Einfluß der Vegetationsdecke auf den Wasserhaushalt im Döllnitzgebiet. Wiss. Veröff. Dt. Inst. f. Länderkde. 27/28, 1970.

Lieberoth, I.: Über den Einfluß der Ackerkultur auf die Bodenentwicklung im sächsischen Lößgebiet. Thaer-Archiv 6. 1962, 1.

Mannsfeld, K.: Landeskulturelle Auswirkungen moderner Agrarproduktion an Beispielen aus dem Westlausitzer Hügelland. In: Wiss. Abh. Geogr. Ges. DDR, Bd. 15, 1981.

Müller, E.: Zur Bestimmung von Aspekten des Wasserpotentials aus Ergebnissen der

topischen und chorischen Naturraumerkundung. Diss. A, AdW der DDR, IGG Leipzig 1983 (Mskr.).
Neef, E.: Analyse und Prognose von Nebenwirkungen gesellschaftlicher Aktivitäten im Naturraum. In: Abh. Sächs. AdW Leipzig, Math.-nat. Kl. 54, 1979, 1.
Schlüter, H.: Vegetationsformen im Einzugsgebiet der Döllnitz. Unveröff. Arbeitsmaterial.
Schmidt, R.: Anthropogene Veränderungen der Bodendecke durch landwirtschaftliche Intensivierungsmaßnahmen. Geogr. Ber. 111. 1984, 2.
Schützenmeister, W., Cronewitz, H. und R. Schmidt: Mittelmaßstäbige Landwirtschaftliche Standortkartierung: Kreise Oschatz, Döbeln, Riesa und Meißen. Unveröff. Arbeitsmaterial.
Thomas, M.: Über die Möglichkeit der Anwendung einer Methode zur Klassifikation der Durchlässigkeit bodenkundlich definierter Flächen auf die durch die Bodenschätzung gekennzeichneten Gebiete. Archiv f. Acker- u. Pflanzenbau u. Bodenkde. 1973, 3.
Thomas, M.: Wertung der Pedohydrotypen für Wasserwirtschaftsbereiche und geoökologische Bilanzierungszwecke. Hercynia 14. 1977, 1.
Thomas, M.: Flächennutzungs- und Hangneigungskartierung zur Ermittlung der Erosionsdisposition im Einzugsgebiet der Bösen Sieben. Hall. Jb. Geowiss. Bd. 5, 1980.
Wedde, D.: Zum Verhalten der Naturräume im glazial bestimmten Tiefland der DDR gegenüber Fremdstoffeinwirkungen unter besonderer Berücksichtigung der Kreise Potsdam Stadt und Land. Diss. A, Pädag. Hochschule Potsdam 1981.
Wienckowski-Krause, W.: Ermittlung von bodenhydrologischen Kennwerten aus korrelativen Beziehungen. Archiv f. Acker- u. Pflanzenbau u. Bodenkde. 1979, 11.

Ernst Benedict

Nationalatlas und geographisches Informationssystem – Gedanken zur Weiterentwicklung der Konzeption Nationalatlas

1. *Nationalatlanten – Phänomen, Konzeption, Entwicklungstendenzen*

Für die Wirksamkeit der Geographie in der gesellschaftlichen Praxis kommt der Überführung neuer regional differenzierter, d. h. zugleich konkret lokalisierbarer Erkenntnisse über elementare und komplexe Strukturen der Landschafts- und Wirtschaftsräume in die verschiedensten Bereiche von Wissenschaft, Volkswirtschaft, Leitung und Planung sowie Bildung und damit verbunden dem Bezug der regionalen Betrachtungsweise auf politisch-territoriale Einheiten von jeher eine besondere Bedeutung zu. Thematische Karten und Atlanten sind auf Grund ihrer redundanzarmen, eindeutig adressierbaren und anschaulichen Aussagen für eine Modellierung realer Landschafts- und Territorialstrukturen besonders geeignet und unverzichtbare Grundlage.

Nicht nur die Fortschritte der Thematischen Kartographie, sondern auch die der Regionalen Geographie in letzten Jahrzehnten sind aufs engste mit der wachsenden Anzahl und der steigenden Qualität der herausgegebenen National- und Komplexen Regionalatlanten verbunden. National- und Komplexe Regionalatlanten wurden so zunehmend zu Hauptbestandteilen moderner geographischer Landeskunden. Ihre Bearbeitung hat sich zu einem der fruchtbarsten Felder der Zusammenarbeit von Geographie und Thematischer Kartographie entwickelt, und dies nicht zuletzt auch deshalb, weil die Aufgabe Nationalatlas in hohem Maße stimulierend auf die geographische Erforschung der Staatsterritorien wirkt.

Unter Nationalatlanten werden große wissenschaftliche, durch geographische Betrachtungsweise geprägte, komplex-thematische Atlanten über die territoriale Struktur der Naturbedingungen, der Bevölkerung und der Wirtschaft sowie der georäumlich modellierbaren Wechselbeziehungen zwischen den Komponenten und Elementen dieser Bereiche einzelner Staaten verstanden. Hauptbestandteil dieser Atlanten sind die Karten, die das gesamte Staatsterritorium überschaubar darstellen.

Im Unterschied zu den Nationalatlanten werden die wissenschaftlichen komplex-thematischen Atlanten für Teilgebiete von Staatsterritorien zumeist als Komplexe Regionalatlanten bezeichnet. Die ähnlichen Flächengrößen von kleineren Staatsterritorien und von Teilgebieten größerer Staatsterritorien weisen auf die enge Verwandtschaft beider Atlaskategorien hin.

Nationalatlanten stellen den neuesten Stand der geographischen Kenntnisse über ein Land dar. Ihnen liegen daher in der Regel umfangreiche mehrjährige gezielte Forschungs- und Entwicklungsarbeiten auf den Gebieten Geographie, Thematische Kartographie sowie von Nachbardisziplinen zu Grunde. Die im Ergebnis dieser Arbeiten entstandenen äußerst umfangreichen und sehr verschiedenartigen Daten können erst nach einer, den spezifischen Anforderungen der kartographischen Modellierung entsprechenden, z. T. aufwendigen Datentransformation und -verarbeitung für die kartographische Darstellung verwendet werden.

Das Interesse an Nationalatlanten wird durch recht verschiedenartige Anforderungen und Bedürfnisse hinsichtlich der Information über regional-differenzierte natur- und sozialökonomische Sachverhalte des Territoriums gespeist. Gefördert wird dieses Interesse generell durch die sich vollziehende Ausbreitung des georäumlich-geographischen Paradigmas in vielen Wissenschafts- und Praxisbereichen [1] und den mit dem wissenschaftlich-technischen Fortschritt verbundenen Trend nach redundanzarmen Informationsmitteln. Eine wesentliche Problematik der Gestaltung von Nationalatlanten liegt in ihrer Funktionsvielfalt [16]. Die Gestaltung von Nationalatlanten führt über eine einfache Informationsverarbeitung weit hinaus, sie hat vielfältige Zweckbestimmungen und Dispositionsniveaus der Nutzer zu beachten. Dies ist mit einer umfangreichen und komplizierten zweckorientierten Datenverarbeitung und graphischen Bearbeitung bzw. Konstruktion verbunden. Die wesentlichen Funktionen sind:

- internationales geographisch-kartographisches Informationsmittel über einzelne Elemente und Komponenten sowie den Gesamtcharakter der Landschafts- und Territorialstruktur eines Staates;
- staatliches bzw. nationales Repräsentations- und kulturell-heimatkundliches Bildungsmittel [12, 22];
- Landeskunde in Karten als „eine Form gesamtgeographischer Integration" [23, 10, 13];
- thematische Landeskartierung im kleinen Maßstab;
- Forschungsmittel für Geographie, Territorialwissenschaften u. ä. zur Gewinnung neuer Erkenntnisse über spezifische georäumliche Verbreitungsmuster, Zusammenhänge und Ordnungsgefüge;
- praxisrelevantes Informations- und Arbeitsmittel für die Bereiche der Leitung und Planung der Volkswirtschaft, z. B. für grundlegende Informationen zur Ressourcennutzung, zu Umweltschutz, Standortverteilung der Produktivkräfte, für die Einordnung von speziellen Sachverhalten in größere regionale Zusammenhänge.

Die in vielen Ländern unter verschiedenartigen Bedingungen erarbeiteten Nationalatlanten und die intensive Beschäftigung mit den Prinzipien und Methoden ihrer Gestaltung und Bearbeitung – wozu der Jubilar wesentliche

Beiträge geliefert hat – haben in den 60er Jahren zur Herausbildung einer kodexähnlichen Vorstellung für die Gestaltung, Bearbeitung und Nutzung von Nationalatlanten geführt, die als „Konzeption Nationalatlas" bezeichnet werden soll. Von großem Einfluß auf ihre Herausbildung war die 20jährige erfolgreiche Tätigkeit der von Konstantin A. Sališčev und Edgar Lehmann geleiteten Kommission für National- und Regionalatlanten bei der Internationalen Geographischen Union. Die „Konzeption Nationalatlas" ist kein fertiges Regelwerk zur Bearbeitung von Nationalatlanten, sondern sie ist als eine Sammlung von Empfehlungen, Methoden, gleichsam als eine Rahmenkonzeption für Zweckbestimmung, Bearbeitung und Gestaltung von Nationalatlanten zu verstehen. Eine solche Rahmenkonzeption ist dem ständigen Einfluß des wissenschaftlich-technischen Fortschritts in Geographie und Kartographie unterworfen.

Das Eindringen der systemtheoretischen Betrachtungsweise in Geographie und Kartographie, die rasche Weiterentwicklung der kartographischen Herausgabetechnologien, die ständig steigenden Möglichkeiten für die Anwendung der EDV für eine rationellere und zugleich umfassendere Informationsverarbeitung einschließlich der fortschreitenden Automatisierung kartographischer Prozesse, die Nutzung der Geofernerkundung und nicht zuletzt die verstärkten und spezifizierten Anforderungen der gesellschaftlichen Praxis führen zu einem Wandel der Konzeption Nationalatlas, jedoch nicht, wie manche meinten [31] zum Ende der Epoche der Nationalatlanten, ganz im Gegenteil, zu ihrer Belebung, wie die gegenwärtige Entwicklung zeigt.

Vier miteinander verbundene Haupttendenzen in der Entwicklung der Nationalatlanten zeichnen sich ab:

1. Nationalatlanten erscheinen weiterhin in großer Anzahl. Zwei Faktoren sind dafür maßgebend:

a) Entwicklungsländer, die zunehmend den Wert dieser Atlanten für die Erkundung und strategische Planung ihrer Territorien erkennen, beteiligen sich immer stärker an der Bearbeitung von Nationalatlanten [15, 17]. Im letzten Jahrzehnt entfiel bereits mehr als die Hälfte der neu erschienenen Nationalatlanten auf diese Länder [27].

b) In den Industriestaaten erfolgt eine verstärkte Neubearbeitung von Nationalatlanten als zweite oder bereits mehrfache Ausgabe. Gegenwärtig verfügt die Mehrzahl der sozialistischen und entwickelten kapitalistischen Staaten zumindest über eine erste Ausgabe eines Nationalatlasses. Unter Leitung des Jubilars wurde die Herausgabe der ersten Ausgabe des Nationalatlasses der DDR 1981 [5] abgeschlossen. In zahlreichen Ländern, so z. B. in der Mongolischen VR, in Ungarn, Vietnam, Kuba, der Schweiz, in Italien, Japan, Norwegen und den USA befinden sich Neuausgaben von Nationalatlanten in Bearbeitung. Finnland und Kanada, deren erste Nationalatlanten 1899 bzw. 1906 erschienen sind, geben gegenwärtig die 5. Ausgabe ihrer Nationalatlanten heraus.

2. Nationalatlanten werden zunehmend an dem Ziel der Modellierung der Komplexität landschafts-, wirtschafts- und kulturräumlicher Strukturen orientiert, deren Erkenntnisse für Forschung und Praxis wachsende Bedeutung gewinnen. Diese Entwicklung wird dadurch begünstigt, daß die Funktion der Nationalatlanten, die fehlende elementare thematische Landeskartierung zu ersetzen, zunehmend von speziellen Kartenserien über Volks- und andere Zählungen, Spezialaufnahmen u. ä. übernommen wird. Ungeachtet dessen, wird die Darstellung territorialer Grundstrukturen in bestimmtem Umfang weiterhin eine Aufgabe von Nationalatlanten bleiben, zumal von diesen Atlanten in bedeutendem Maße der theoretisch-methodische Fortschritt bei der thematisch-kartographischen Modellierung getragen wird. So konnten z. B. im ATLAS DDR erstmalig wissenschaftlich exakte Indikationen für das Gesamtterritorium der DDR im kleinen Maßstab, u. a. für die Bevölkerungsverteilung, die Flächennutzung und die Waldflächen nach Wirtschaftsbaumarten, vorgelegt werden. Die wachsende Anzahl thematisch engbegrenzter Karten und Kartenserien steigert im Zusammenhang mit der generell zunehmenden Komplexität der Problemstellungen in Wissenschaft und Praxis das Bedürfnis zur Darstellung von räumlichen Beziehungen und Zusammenhängen, der territorialen Komplexität. Und diese Darstellung komplexer Sachverhalte wird spezifisch von Nationalatlanten wie auch Komplexen Regionalatlanten wahrgenommen. Die dafür erforderliche komplexe bzw. systemgemäße Kartographierung erfordert wissenschaftlich wie technisch neue rationelle Formen der Informationsverarbeitung.

3. Nationalatlanten gehen in der Themenauswahl und -bearbeitung verstärkt auf die Anforderungen der gesellschaftlichen Praxis ein, und zwar durch problemorientierte Modellierung von komplexen Sachverhalten, von Konfliktsituationen, Trends und Prognosen. Sie liefern damit Bewertungs- und Entscheidungshilfen. Bevorzugte Thematik ist gegenwärtig die Nutzung und der Schutz natürlicher Ressourcen.

4. Bearbeitung und Gestaltung der Nationalatlanten werden in bedeutendem Ausmaße von der rechnergestützten Informationsverarbeitung und -ausgabe beeinflußt. Rechnergestützte Kartenbearbeitung und -herausgabe bilden gegenwärtig eine äußerst dynamische Hauptentwicklungsrichtung der Kartographie. Der EDV-gestützten Informationsverarbeitung und -ausgabe kommt für die zukünftige Entwicklung der Nationalatlanten geradezu eine Schlüsselrolle zu. Ohne diese moderne Informationsverarbeitung sind die Ziele, verstärkte Widerspiegelung der Komplexität territorialer Strukturen, problemorientierte Kartengestaltung, rasche und kostengünstige Herausgabe aktueller Nationalatlanten, nicht zu realisieren.

2. *Zur Funktion rechnergestützter Informationsverarbeitung bei der Bearbeitung von Nationalatlanten*

In welcher Weise und in welchem Ausmaß die rechnergestützte Informationsverarbeitung auf die Gestaltung und Bearbeitung von Nationalatlanten einwirkt bzw. einwirken kann, soll näher betrachtet werden. Im Hintergrund steht die Frage, ob sich das Gesamtbild unser Nationalatlanten dadurch gravierend verändern wird, ob wir mit einer deutlichen Zäsur in der Entwicklung der Nationalatlanten rechnen müssen. Für die Beantwortung dieser Frage ist es zweckmäßig von zwei, nach der Stellung im Prozeß der Herstellung eines kartographischen Finalprodukts unterschiedlichen, wenngleich miteinander verbundenen Anwendungsbereichen der rechnergestützten Informationsverarbeitung auszugehen:

a) dem Einsatz der rechnergestützten Verfahren für die Herstellung von kartographischen Herausgabeoriginalen für Nationalatlanten,
b) dem Einsatz der EDV-gestützten Informationsverarbeitung im Prozeß der Autorenoriginalbearbeitung und der Entwurfs- und redaktionellen Arbeiten zur Kartengestaltung bei Nationalatlanten.

2.1. Zum Einsatz rechnergestützter Verfahren bei der Herstellung von kartographischen Herausgabeoriginalen von Nationalatlanten

In den letzten zwei Jahrzehnten ist eine große Anzahl von automatisch bzw. teilautomatisch hergestellten thematischen Karten, Kartenserien und Atlanten, sogen. Computeratlanten, vorgelegt worden. Diese kartographischen Darstellungsformen sind vielfach schon zum unverzichtbaren Instrumentarium in der territorialen Forschung und Planung geworden. Es handelt sich dabei aber ganz überwiegend um graphisch einfache Elementkarten und einfach gestaltete zweischichtige Karten. Gemessen an den handgemachten funktionsanalytischen und komplex-analytischen Karten ist ihr Informationsgehalt relativ gering, wenngleich diese Karten oft recht zweckentsprechend bearbeitet sind. Die thematischen Elemente weisen zumeist eine schematisierte räumliche Konfiguration auf, im wesentlichen sind es Karten in der Art von Flächen- und Diakartogrammen. Damit stehen diese Karten auf dem Gradient zwischen Realität und Abstraktion weiter in Richtung der Abstraktion [19] als die handgemachten komplex-analytischen, der topographischen Situation stärker angepaßten Karten (Abb. 1), d. h. diese graphisch einfachen Karten erfordern vom Nutzer, obwohl scheinbar leicht lesbar, in Wirklichkeit eine mit ausgeprägtem kartographisch-geographischen Paradigma ausgestattete Disposition. Ohne die sehr großen Fortschritte bei der rechnergestützten Herstellung thematischer Karten auch nur im geringsten schmälern zu wollen, kann der Meinung, daß in den letzten Jahren automatisiert hergestellte thematische Karten der hohen Qualität handgemachter Karten hinsichtlich des

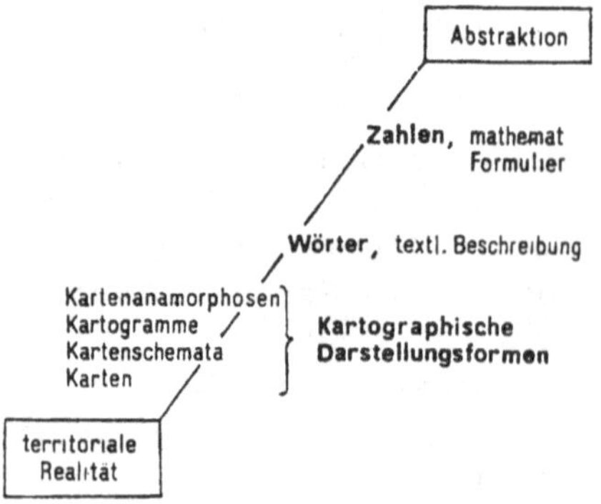

Abb. 1 Die relative Position von kartographischen Darstellungsformen auf dem Gradient zwischen Realität und Abstraktion (n. Muehrcke [19], ergänzt)

direkten und potentiell indirekten Informationsgehaltes und der graphischen Ausdrucksformen entsprechen würden [18], nicht beigepflichtet werden. Dafür in Betracht kommende Beispielskarten [11, 12] zeigen, in Wirklichkeit sind neueste rechnergestützt hergestellt thematische Karten von dem Niveau komplexer thematischer Karten, wie wir sie aus thematischen Atlanten, zumal National- und Regionalatlanten kennen, noch weit entfernt.

Generell zeichnet sich in der neuesten Literatur daher zunehmend die Meinung ab, daß in absehbarer Zeit das hohe Informations- und Graphikniveau handgemachter thematischer Komplexkarten, insbesondere komplex-analytischer Karten durch automatisch hergestellte Karten nicht oder nur mit einem sehr hohen und nicht vertretbaren Aufwand zu erreichen ist [3, 9]. Es sind vor allem zwei Gründe, weshalb ausschließlich rechnergestützt hergestellte thematische Karten für Nationalatlanten in nächster Zeit nicht oder nur vereinzelt in Betracht kommen.

a) Der Gebrauchswert der Karten eines Nationalatlasses wird vor allem durch die Vielfalt und Qualität an direkten *und* indirekten Informationen, die aus den Karten entnommen werden können, bestimmt, d. h. inwieweit neben maßstabsadäquat lokalisierten direkten Informationen das visuell beeinflußte Denken angeregt wird und Operationen mittels dieser Karten durchgeführt werden können, z. B. räumliche Mustersuche, Erkennung von territorialen Überlagerungen und Konfliktsituationen usw., d. h. indirekte Informationen gewonnen werden können. Die Herstellung dieser, für den wissenschaftlichen wie praxisorientierten Arbeits- und Erkenntnisprozeß besonders wertvollen komplex-analytischen und funktions-analytischen Karten, die in Nationalatlanten zunehmend dominieren, erfordert auf Grund der Mehrschichtigkeit der Anlage dieser Karten noch im Herausgabeprozeß vielfältige Entscheidungen im Rahmen der Relation Objektgesetzlichkeit – Zweckbestimmung bzw. Aussageziel der Karte – graphische Eigengesetzlichkeit [2] zu treffen. Diese Entscheidungen sind optimal nicht generell bei der Kombination von fertiggestellten Kartenelementfolien bzw. elektronisch gespeicherten overlays, sondern von Areal zu Areal und von Standort zu Standort in Relation zueinander und zur topographischen Situation zu treffen. Dabei sind oft nicht nur mehrere nahezu gleichwertige Lösungen, z. B. für die Generalisierung, möglich, sondern zusätzlich auch interferierende nutzungspsychologische Aspekte zu berücksichtigen. Dies ist gegenwärtig und in naher Zukunft weitesgehend automatisiert auf Grund der Kompliziertheit der Algorithmierung und Programmierung entsprechender Prozesse nicht effektiv lösbar. Die Automatisierung der Herstellung informationsträchtiger thematischer Karten unterscheidet sich insbesondere auf Grund andersartiger Gebrauchseigenschaften grundsätzlich von der topographischer Karten, kommt es bei ersteren vor allem auf problemorientierte Modellierung an, steht bei letzteren die meßtechnisch präzise Indikation von nebeneinander gelagerten Objekten im Vordergrund.

b) Die meisten Karten der Nationalatlanten sind nach Inhalt und kartographischer Gestaltung notwendiger Weise ausgesprochene Einzelschöpfungen im Rahmen einer Gesamtkonzeption, d. h. die Inhaltselemente einschließlich ihrer Datensets und ihre Kombination sind im Atlas zumeist einmalig, wenn man von Grundlagenkarten und einzelnen Kartenelementen absieht. Eine EDV-gemäße Programmierung der Herausgabeoriginale wäre mit unvertretbarem Aufwand verbunden.

Es sind also nicht nur graphisch-ästhetische Gründe, sondern vor allem solche des Gebrauchswertes, die eine umfassende rechnergestützte Herstellung der Karten von Nationalatlanten auf absehbare Zeit weitgehend ausschließen. Gemischte Technologien bei der Herstellung von Herausgabeoriginalen gewinnen in solchen Atlanten jedoch an Bedeutung, d. h. Grundlagenkarten und einzelne wiederholt angewandte graphische Elemente werden rechnergestützt hergestellt. Zum anderen wird die Herausgabetechnologie, mittels Scanner-Farbauszug Druck-Kopier-Vorlagen zu schaffen, gerade bei komplexen Karten an Bedeutung gewinnen. Dies erfordert die Vorlage exakt ausgeführter, flächenmäßig kompletter mehrfarbiger Vorlagen. Modernste Reprotechnologie setzt damit gleichzeitig die Wiederbelebung von speziellen handwerklichen Fähigkeiten und Fertigkeiten voraus, obgleich sich Möglichkeiten abzeichnen, die Farbzuweisung für ein bestimmtes Areal – bei einfach gestalteten Farbflächen – maschinell aus punkthaften Farbmarkierungen innerhalb der Arealgrenzen vornehmen zu lassen.

Ein Teil der gestellten Frage kann bereits beantwortet werden, das äußere Bild der Nationalatlaskarten wird sich in nächster Zeit kaum verändern.

2.2. Zum Einsatz der EDV-gestützten Informationsverarbeitung im Prozeß der Autorenoriginalbearbeitung und der Entwurfs- und redaktionellen Arbeiten zur Kartengestaltung bei Nationalatlanten

Der Einsatz der EDV-gestützten Informattonsverarbeitung spielt indes für eine andere Phase in der Bearbeitung der Nationalatlanten zukünftig eine eminent gesteigerte Bedeutung, nämlich im Prozeß der Entwurfsarbeit, d. h. Erarbeitung der Autoren- und Zusammenstellungsoriginale und beim Experimentieren zur Kartengestaltung. Hier zeichnet sich im letzten Jahrzehnt international ein bedeutender Innovationsschub für die Bearbeitung von Nationalatlanten ab, der mit weitreichenden Veränderungen im Entwurfsprozeß dieser Atlanten verbunden ist. Die Bearbeitung neuer Nationalatlanten in Finnland, USA, Kanada, Italien, Ungarn, Norwegen, Japan und anderen Ländern erfolgt auf der Grundlage thematisch umfassender, landesweiter territorialer Datenbanken oder Landinformationssysteme. Die digitale Speicherung raumbezogener Daten erfolgt in administrativ- und objektbezogenen Dateien sowie in Polygon- und Felderdateien. Den meisten territorialen Informationssystemen liegen landesweite Feldernetze auf der Basis topographischer Karten mit einer Maschenweite von 1 km und weniger zu Grunde. Die entsprechenden Informationssysteme sind unabhängig oder auch in Verbindung mit der Aufgabe Nationalatlas, wie in den USA, Finnland, Norwegen und Ungarn, aufgebaut worden. Die territorialen Informationssysteme beinhalten Datengewinnung, -speicherung und -verarbeitung, Modellrechnungen mit den gespeicherten Daten, Analyse und Ausgabe der Informationen auch in graphischer und kartographischer Form.

Eine Analyse des Prozeßablaufes zur Herstellung von Nationalatlaskarten (Tab. 1) läßt erkennen, daß die Einbeziehung eines EDV-gestützten Informationssystems in allen Phasen von der Kartenkonzeption bis zur Herstellung des Zusammenstellungsoriginals, vereinzelt bis zum Herausgabeoriginal, mit spezifischem, zumeist sehr hohem Effekt hinsichtlich der Qualitätsverbesserung des Karteninhaltes und der Kartenkomposition einerseits und mit einer sehr bedeutenden Rationalisierung des Kartenbearbeitungs- bzw. -herstellungsprozesses andererseits, verbunden ist. In diesen Phasen sind die informationsverändernden Bearbeitungsvorgänge (Informationsgewinnung, -speicherung, -verarbeitung und -übertragung) konzentriert. Bei konventioneller Informationsbearbeitung entfällt etwa die Hälfte des Arbeitsaufwandes für die Herstellung eines Nationalatlasses auf diese Phase. Die rechnergestützte Informationsverarbeitung führt in der Regel zu keinen neuen theoretisch-methodischen Prinzipien der kartographischen Modellierung, sie erlaubt jedoch auf Grund der nun möglichen umfassenden Datenverarbeitung und Breite des kartographischen Experiments erst deren konsequente und umfassende Anwendung.

Die spezifischen Anforderungen, Bedingungen und Möglichkeiten für den

Einsatz der EDV-gestützten Informationsverarbeitung im Prozeß der Autorenoriginalbearbeitung, der redaktionellen Vorbereitung der Kartengestaltung und -herstellung bei Nationalatlanten können ausgehend von der Eigenart der kartographischen Modellierung bestimmt werden, die bei thematischen Karten besonders deutlich hervortritt. Die Spezifik der kartographischen Modellierung als Einheit von Modellbildung und -nutzung besteht darin, daß kartographische Modelle, vorwiegend also Karten, zwei verschiedenartige Formen der Modellierung in sich vereinen [4]. In Karten, insbesondere thematischen Karten, wird einerseits der konkrete Raum der Objekte, d. h. deren Lage und Lagebeziehungen detailliert anschaulich abgebildet, andererseits werden die einzelnen räumlichen Objekte (Standorte, Areale, Interaktionen u. ä.) nach ihren qualitativen und quantitativen Merkmalen bzw. Eigenschaften modelliert, jedoch allgemeiner, d. h. auf höherem Abstraktionsniveau als die konkrete Lage bzw. Lagebeziehung der Objekte [6, 7]. Diese beiden Formen der kartographischen Modellierung korrespondieren mit den zwei prinzipiell verschiedenen Strukturformen des geographischen Raumes [8], die von Scholz [25] in Anlehnung an die von Neef [20, 21] formulierten Axiome der Geographie herausgearbeitet worden sind. Die erste Strukturform beinhaltet die Proportionen, Wechselbeziehungen und Zusammenhänge zwischen den Objekten des geographischen Raumes, die sich speziell auf die konkreten Standort- und Lageverhältnisse, also auf die räumliche Verbreitung und Verflechtung der Erscheinungen beziehen. Diese Strukturform wird adäquat durch kartographische Darstellungsformen modelliert. Die zweite Strukturform, die den kategorialen bzw. vertikalen Zusammenhang ohne Berücksichtigung der räumlichen Lagebeziehungen beinhaltet, wird adäquat vor allem durch Beschreibung, graphische Darstellung und mathematische Modelle abgebildet.

Indem kartographische Modelle, insbesondere thematische Karten, auf Grund ihrer zwei miteinander verknüpften Formen der Modellierung beide Strukturformen des geographischen Raumes an der Strukturebene der territorialen Vernetzung miteinander verbunden widerspiegeln, liefern sie die Grundlage für die spezifische Raumerkenntnis mittels Karten, die über die Visualisierung eines Geflechtes von Lagebeziehungen hinausführt, nämlich zur Integration von teritorialen Konfigurationen unterschiedlicher Sachverhalte zu neuen territorialen Strukturen einerseits und zu territorialen Verknüpfungen unterschiedlicher Standort- und Arealkomplexe, zu neuen gebietlichen Strukturen andererseits.

Aus der Spezifik der kartographischen Modellierung folgt, daß sich der Einsatz der rechnergestützten Informationsverarbeitung im Prozeß des Entwurfs, der Gestaltung und der Herstellung thematischer Karten bis zum Zusammenstellungs- bzw. Teilherausgabeoriginal auf drei Bereiche erstrekken muß:

1. auf die Sachinhalte,

Tabelle 1 Nutzungsmöglichkeiten eines Geographischen Informationssystems im Prozeß der Autorenoriginalbearbeitung und Kartengestaltung für einen Nationalatlas

Phasen des Prozesses der Kartenherstellung[1]	Teilprozesse der Kartenherstellung[1]		Nutzungsmöglichkeiten des GIS für Erhöhung der Qualität und Effektivität der Kartenherstellung spezifische Leistung	Effekt
Kartenkonzeption	— Bestimmung des Aussagezieles — Vorschlag für inhaltliches Gefüge — Vorschlag für kartographische Darstellungs- und Ausdrucksformen — Maßstabsvorschlag — verbale Legende	Informationsändernde Vorgänge	— Datenrecherche — Nutzung vorhandener Algorithmen zur vorklärenden Informationsverarbeitung — Vorstellung über Verteilungsparameter	RQ RQ R
Redaktionelle Vorbereitung des AO	— Redaktionsplan bzw. -hinweis — Vorschlag Dimensionierung der Darstellung — Vorschlag Zeichensystematik (= Legende und Zeichenvorschrift) — Herstellung eines Kartenmusterausschnittes (evtl. in Varianten) — Richtlinien für die AO-Bearbeitung		— Varianten der Dimensionierung der Darstellung — Logische Gestaltung der Legende — Informationsverarbeitung (= Programmtest) — Herstellung von Varianten des Musterausschnittes	RQ Q RQ X
Bearbeitung des AO	— gezielte Originalforschung zum Kartengegenstand — gezielte Datensammlung zum Kartengegenstand — Informationsverarbeitung entsprechend Aussageziel — Herstellung von Teil-AO (evtl. in Varianten) — Herstellung des endgültigen AO		— Informationsgewinnung und -speicherung — Informationsverarbeitung in großer Breite u. Vielfalt — Herstellung von Varianten — Teilautomatisierte Herstellung des AO	RQ RQX X R

Redaktionelle Bearbeitung des AO und Vorbereitung des ZO	– redaktionelle Überprüfung des AO – Festlegung der Legende		
	– Festlegung der Zeichenvorschrift – Festlegung der Kartenkomposition – Richtlinien für die ZO-Bearbeitung		
Bearbeitung des ZO	– Herstellung und redaktionelle Durchsicht des ZO – redaktionell-technische Vorbereitung des HO		
Herstellung des HO[2]	– Herausgabereife Herstellung der Kartenelemente – Korrekturdurchsichten – Herstellung der Druckkopiervorlagen		
Kartendruck[2]	– Andruck – Auflagedruck		
Endbearbeitung[2]	– buchbinderische Weiterverarbeitung		

Informationsänd. Vorgänge

– Bearbeitung von Tests	R
– logische Gestaltung Legende und Definition von Legendeneinheiten	RQ
– Experimente Kartenbelastung und Kartenkomposition, Hinweise Verdrängung	RQ
– Tests zur Überprüfung der Konfiguration der Kartenelemente in Relation zueinander	R
– automatisierte Herstellung von herausgabereifen Kartenelementen	R

GIS = Geographisches Informationssystem
AO = Autorenoriginal
ZO = Zusammenstellungsoriginal
HO = Herausgabeoriginal

R = Rationalisierung der Bearbeitung
Q = Qualitätserhöhung
X = Bearbeitung bzw. Herstellung ohne Nutzung GIS nicht/oder nur mit hohem, nicht vertretbarem Aufwand möglich

[1] leicht verändert nach Ogrissek [22]
[2] vereinfacht dargestellt

2. auf die räumliche Positionierung und Verflechtung der Objekte, d. h. die territoriale Strukturierung,
3. auf die graphisch-kartographische Transformation der Gegenstände und Lagebeziehungen der Objekte, d. h. auf die graphisch-semiotische Modellierung bzw. prinzipielle graphische Formierung der Karte, und dies in ständiger Koppelung und Rückkoppelung zur realen Strukturierung der Objekte und ihrer territorialen Anordnung.

Letztlich entscheidet die graphische Gestaltung der Karte über den Umfang und die Qualität der Decodierung des Karteninhaltes und die Möglichkeit der Gewinnung von indirekten Informationen durch den Nutzer. Wenn auch, wie eingangs erläutert, hier nicht das rechnergestützt hergestellte Herausgabeoriginal zur Diskussion steht, so wird doch auch durch graphisch schematisierte rechnergestützte Ausgabe der Autoren-, Zusammenstellungsoriginale und Muster der Kartenkompositionen für den gestaltenden Kartographen das Gefüge der darauf aufbauenden endgültigen Kartenkomposition des Herausgabeoriginals weitgehend beurteilbar. Dies gilt zum Beispiel für die Logik bzw. Hierarchie der Zeichensystematik (= Zeichenerklärung und Zeichenanweisung), die Kartenbelastung und den Charakter der territorialen Strukturierung der Karte.

Ein solches, die Entwurfs- und redaktionellen Arbeiten für einen Nationalatlas unterstützendes Informationssystem muß über drei Hauptdateien (Datei der Koordinaten der Standorte, Areale, Verflechtungen und Konfiguration; Datei der nichträumlichen/sachinhaltlichen Attribute der Standorte und Areale; Datei der spezifischen kartographischen Ausdrucksformen), graphisches Display, Hardcopie- und Plotterausgabe verfügen. Für die kartographische Entwurfs- und Redaktionsarbeit ist es von großem Vorteil, wenn für Kartenelemente die graphisch-kartographischen Entwürfe als Einheiten (overlays) im Sinne eines elektronischen Atlasses [26] gespeichert und für den raschen Zugriff bereitgehalten werden können.

Nicht in allen Phasen des Entwurfs- und Gestaltungsprozesses von Nationalatlaskarten wird das Informationssystem umfassend benötigt. In der Phase der Konzeption des Atlas und seiner einzelnen Karten ist zunächst zu klären, ob überhaupt oder auf welche Weise bestimmte Kartenthemen auf Grund der Materiallage zu realisieren sind, welche Maßstäbe entsprechend der territorialen und kategorialen Differenzierung und Dichte der Gegenstände in Betracht kommen u. ä. Eine differenzierte spezifische graphisch-semiotische Modellierung ist in dieser Phase noch nicht erforderlich. Hierfür liegen die Anfänge der Anwendung rechnergestützter Verfahren beim Entwurf von Nationalatlanten auch schon länger zurück.

Kartengestaltung und insbesondere Kartenkomposition (= graphische Formierung der Karte in ihrer Gesamtheit) sind mit dem kartographischen Experiment verbunden, da eine weitgehend optimale Gestaltung einer komplexen Karte unter Anhaltung ihrer Zweckbestimmung ohne vorherige versuchsweise Visualisierung des graphisch-kartographischen Gefüges kaum zu erreichen ist. Dieses Experiment erfordert vielfach die Bearbeitung von Varianten hinsichtlich der Elementekompilation, Generalisierung, der Intervall- bzw. Größenstufenbestimmung, der mehrschichtigen Kartenanlage, der günstigen Widerspiegelung der territorialen Strukturen, durch die Signaturgefüge u. ä. Ohne EDV-gestützte Informations-Verarbeitung sind solche Varianten auf Grund des sehr hohen Arbeitsaufwandes und der damit verbundenen erheblichen Kosten nur in Einzelfällen zu verwirklichen, denn die Bearbeitung von Varianten erfordert stets erneut eine Lösung des Optimierungsproblems der Kartengestaltung, das durch die Überlagerung bzw. die Widersprüche bestimmt wird, die sich aus der Einwirkung der Determinanten der Kartengestaltung ergeben. Die wesentlichen Determinanten sind der in der Karte zu modellierende Wirklichkeitsbereich, die Funktion bzw. Zweckbestimmung der Karte, die kartographische Disposition der Nutzer (Fähigkeiten und Fertigkeiten im Umgang mit Karten), die vorhandenen Informationen über den Kartengegenstand u. a. Es kann sich unter diesem Aspekt auch als lohnend erweisen, einmalig zu verwendende Daten für die Durchführung des Experimentes einzuspeichern.

Die kartographische Modellierung der Komplexität territorialer Strukturen, die in Nationalatlanten gesteigert im Vordergrund steht, erfordert eine zunehmend umfangreichere und komplexe Verarbeitung von Daten; insbesondere durch die Berücksichtigung der wachsenden Möglichkeit der Inanspruchnahme rechnergestützter Informationsverarbeitung würden die Grenzen für die Bearbeitung komplizierter Sachverhalte, der Gegenstände funktions- und komplexanalytischer und komplex-synthetischer Karten relativ eng gezogen bleiben.

Für die Nutzung eines komplex-thematischen Atlasses ist die vergleichende Kartenanalyse eine wichtige Interpretations- und Erkenntnismethode. Das Problem des räumlichen Vergleiches bei Karten insbesondere auf Polygonbasis ist bisher nicht gelöst, von vielen überhaupt nicht erkannt. Neue Möglichkeiten zur Überwindung der Vergleichsschwierigkeiten, die eine Folge der ungleich großen Einheiten sind, ergeben sich durch die Einführung der regelmäßigen Feldernetze [30] und der darauf gerichteten Informationsbearbeitung bzw. -transformation. Nicht zuletzt können mittels eines Informationssystems Generalisierungsaufgaben wesentlich unterstützt und objektiviert werden. Da auf der Grundlage eines territorialen oder fachspezifischen geographischen Informationssystems Karten für verschiedene spezifische Funktionen und Nutzergruppen im Sinne von Varianten ohne unvertretbaren Aufwand rasch bis zum Autorenoriginal zu entwickeln sind, eröffnet sich die Möglichkeit, auf der Grundlage der im Nationalatlas erarbeiteten inhaltlichen Gefüge, neben dem eigentlichen Nationalatlas z. B. einen komplex-thematischen Atlas über das Staatsterritorium für breite Nutzerkreise oder eine spezifische Kartenserie für die Territorialplanung und -forschung relativ leicht bearbeiten zu können. Der Nationalatlas ist so auch als ein nationales Atlassystem zu verstehen.

3. Das geographische Informationssystem des Instituts für Geographie und Geoökologie und die Möglichkeiten der Nutzung desselben für die Vorbereitung einer neuen Ausgabe des Nationalatlasses

In den letzten Jahren wurde am Institut für Geographie und Geoökologie der Akademie der Wissenschaften der DDR (IGG) mit dem Aufbau eines geographischen Informationssystems begonnen. Dieses Informationssystem beinhaltet die Datengewinnung, -speicherung und -verarbeitung, Modellrechnungen mit den gespeicherten Daten, die Informationsanalyse und -ausgabe sowie die Interpretation und Nutzung der Informationen. Dieses Informationssystem schließt damit die Kopplung mit einem entsprechenden Methoden- und Algorithmenfundus zur mathematischen und kartographischen Modellierung ein. Die Speicherung der Daten erfolgt in administrativ orientierten und/oder Felderdateien. Die Koppelbarkeit beider Dateien wird durch die Zuordnung der Felder zu den Territorien der administrativen Einheiten gewährleistet. Für das Territorium wurde ein Rasternetz mit einer Maschenweite von 1 km geschaffen, dessen Felder durch Koordinaten (Gauß-Krüger) bestimmt sind. Eine Verkleinerung der Maschenweite ist möglich. Die Koppelbarkeit beider Bezugssysteme erweist sich als methodisches Hilfsmittel zur Unterstützung von Untersuchungen im Wechselwirkungsbereich Gesellschaft – Natur, ein Themenbereich, der die Nationalatlanten zunehmend durchdringt.

Um den Speicher handhabbar und nicht durch wenig gebrauchte Daten zu belasten, wurde er in einen Stammspeicher und in eine variable Anzahl von Problemdateien unterteilt. Diese problemorientierten Teilspeicher sind mit dem Stammspeicher und untereinander koppelbar [28]. Die meisten territorialen Informationssysteme sind nicht problemorientiert angelegt, sie müssen hinsichtlich der Kartenthemen eines Nationalatlasses aufbereitet werden. Mit der Anlage problemorientierter Teilspeicher ergibt sich die Möglichkeit, für die vorgesehenen Kartenthemenkomplexe die spezifischen Datengruppierungen und die Algorithmen ihrer inhaltlichen und kartographischen Verarbeitung vorzubereiten und laufend zu halten. Dies ist mit dem Vorteil verknüpft, daß die Kartenthemen bei Bedarf auf Grund der vorhandenen Merkmalsübersicht rasch abgearbeitet werden können.

Der mögliche Einsatz eines Geographischen Informationssystems im Prozeß der Bearbeitung von Autoren- und Zusammenstellungsoriginalen bzw. von experimentellen Vorlagen zur Kartengestaltung und von Teilherausgabeoriginalen für Nationalatlaskarten soll an einem Beispiel verdeutlicht werden. Das Beispiel wurde mittels des Informationssystems des IGG hergestellt. Für eine Karte der Arbeitspendelwanderung im Maßstab 1 : 500 000 bzw. 1 : 750 000 wurde das im IGG entwickelte Programmsystem zur rechnergestützten Darstellung räumlicher Interaktionen angewandt (Abb. 2, 3). Dem Programm liegt die kartographische Prinziplösung zu Grunde, räumliche Interaktionen mittels Quell- und Zielvektoren darzustellen. Die Intensität der Interaktionen wird durch die Breite der Vektoren und die Entfernung zwischen Quellort und Zielort durch die Länge der auf den Zielort gerichteten Vektoren wiedergegeben. Die Länge der Quellvektoren beträgt im Beispiel 1/6 der Entfernung zum Zielort. Die Zielvektoren werden als richtungsorientierte Summenvektoren dargestellt. Die graphische Ausgabe einschließlich der Kreisdiagramme für die Quell- und Zielorte erfolgte mittels

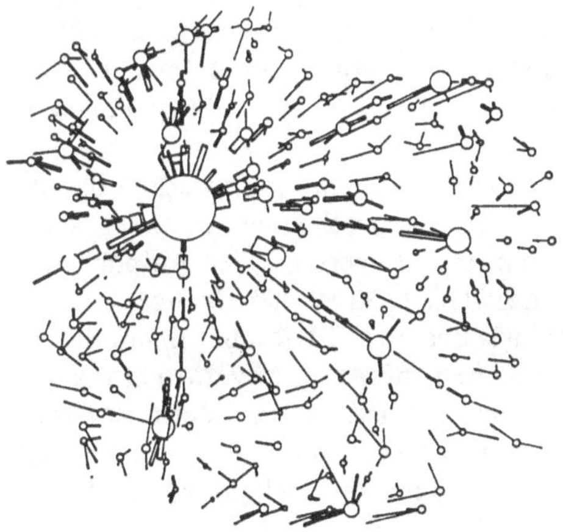

Abb. 2 Darstellung der Quellvektoren räumlicher Interaktionen

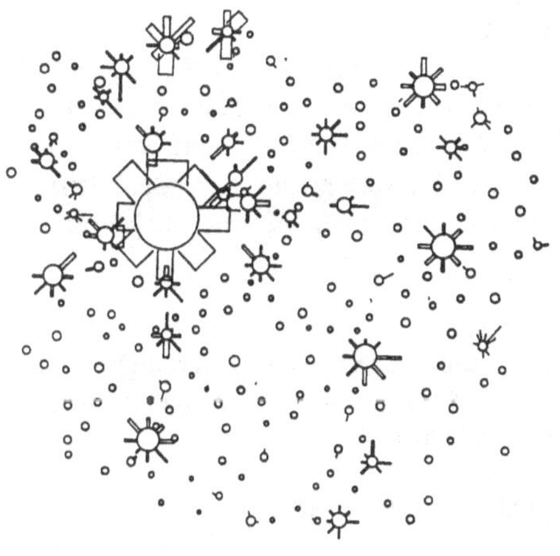

Abb. 3 Darstellung der Zielvektoren räumlicher Interaktionen

des Zeichenautomaten DIGIGRAF farbgetrennt, die Herstellung des mehrfarbigen Kartenmusters durch Andruck. Die beiden Abbildungen vermögen nur die Grundkonstruktion der thematischen Hauptelemente der Karte zu verdeutlichen. Die Erarbeitung dieser Karte ist auf Grund der zu verarbeitenden großen Datenmengen und des Aufwandes für die Lokalisierung und Formierung der Vektoren effektiv nur durch Anwendung eines EDV-gestützten Informationssystems und der rechnergestützten graphischen Ausgabe von Teilherausgabeoriginalen möglich [29].

Diese Karte ist – abhängig vom Kartenmaßstab der Nationalatlaskarten – als ein ausgezeichnetes Autoren- bzw. Zusammenstellungsoriginal oder als Ausgangsmaterial für eine rechnergestützt generalisierte Darstellung der Arbeitspendelwanderung im Nationalatlas anzusehen, wie ein Vergleich zur ensprechenden Karte des Atlas DDR [5] zeigt. Nationalatlanten müßten ohne Anwendung von rechnergestützten geographischen Informationssystemen auf solche diffizile und zugleich besonders aussageträchtige Karten in der Regel verzichten.

Es konnten nur wenige Aspekte der Wechselbeziehungen zwischen der Bearbeitung eines Nationalatlasses und der entsprechenden Nutzung eines geographischen Informationssystems dargestellt werden. Der Aufbau eines geographischen Informationssystems am IGG eröffnet die Chance, eine zukünftige neue Ausgabe des Nationalatlasses der DDR auf einem hohen Niveau der inhaltlichen und kartographischen Informationsverarbeitung herzustellen. Die spezifische Struktur des geographischen Informationssystems des IGG ermöglicht darüber hinaus einen eigenständigen Beitrag zur Konzeption Nationalatlas, insbesondere hinsichtlich einer rationellen und objektiven Entwurfsarbeit, zu liefern.

Nationalatlas ist unter Berücksichtigung der dargestellten Gesichtspunkte ein integraler Bestandteil eines geographischen Informationssystems und in diesem Rahmen damit eine ständige Aufgabe.

Mit auf die Lösung dieser Problematik gerichteten Untersuchungen ehren und unterstützen wir zugleich die bereits nahezu drei Jahrzehnte andauernden intensiven und erfolgreichen Arbeiten und Bemühungen von Edgar Lehmann um die Weiterentwicklung und Verbesserung der Gestaltungsprinzipien und damit der Gebrauchseigenschaften von Nationalatlanten.

Literatur

[1] Alaev, E. B.: Geografičeskoe myšlenie i geoprostranstvennaja paradigma (Geographisches Denken und georäumliches Paradigma). In: Izv. vsesojuznogo geogr. obščestva – Leningrad 113 (1981), 419–422.

[2] Arnberger, E.: Handbuch der Thematischen Kartographie. Wien 1966.

[3] Arnberger, E.: Der Weg zur Kartographie der Gegenwart in der zweiten Hälfte des 20. Jahrhunderts. In: Kartographie der Gegenwart in Österreich (Hrsg. v. E. Arnberger) – Wien 1984, 9–60.

[4] Aslanikašvili, A. F.: Metakartografija (Metakartographie). Tbilisi 1974.

[5] Atlas Deutsche Demokratische Republik. Hrsg. v. d. Akademie d Wiss. d. DDR in Zusammenarbeit mit VEB Hermann Haack, Geograph.-Kartograph. Anstalt. Gotha 1976/1981.

[6] Benedict, E.: Zu den Gebrauchseigenschaften des Atlas DDR für die siedlungsgeographische Forschung. In: Wiss. Mitt. Inst. f. Geogr. u. Geoökologie AdW DDR – Leipzig 7 (1983), 119–127.

[7] Benedict, E.: Zur aufgabenspezifischen kartographischen Modellierung in der Territorialplanung, dargestellt an der Aufgabe Standortverteilung der Produktivkräfte. In: Vermessungstechnik – Berlin 32 (1984) 8, 265–268.

[8] Benedict, E.: Zur Konzeption einer geographischen Kartographie – ein Diskussionsbeitrag. In: Dresdener Geographische Beiträge – E. Lehmann und K. A. Sališčev zum 80. Geburtstag. Kartographische Bausteine – Dresden 6 (1985), 130–145.

[9] Bie, S. W.: Organizational Needs for Technological Advancement (Organisationserfordernisse für den technischen Fortschritt). In: Auto-Carto Six. Cartographica – Toronto 21 (1984) 2/3, 47–52.

[10] Bobek, H.: Der Atlas der Republik Österreich. In: Intern. Jb. f. Kartographie – Gütersloh 4 (1964), 87–99.

[11] Bollmann, J.; Freitag, U.: Karten aus dem Computer. In: Geographische Rundschau – Braunschweig 34 (1982) 7, 308–315.

[12] Gröschen, H.-W.: Neue Wege zur Automation in der Kartographie. In: Int. Jahrbuch f. Kartographie – Bonn 21 (1981), 97–120.

[13] Lehmann, E.: Zur Problematik der Nationalatlanten. In: Peterm. geogr. Mitt. – Gotha 103 (1959) 4, 300–310.

[14] Lehmann, E.: Die Typisierung als Problem der kartographischen Darstellung im „Atlas DDR". In: Peterm. geogr. Mitt. – Gotha 112 (1968) 1, 61–71.

[15] Lehmann, E.: Die kartographische Darstellung von Entwicklungsländern in National- und Regionalatlanten. In: Peterm. Geogr. Mitt. – Gotha 120 (1976) 2, 166–170.

[16] Lehmann, E.: Character and efficacy of National Atlases, in Particular of the Atlas DDR (Charakter und Nutzungsmöglichkeit von Nationalatlanten, am Beispiel des Atlas DDR). In: Geojournal – Dordrecht u. Boston 8 (1984) 1, 91–96.

[17] Leontev, N. F.: Zu einigen Problemen der Konzeption und kartographischen Gestaltung von Nationalatlanten der Entwicklungsländer. In: Peterm. geogr. Mitt. – Gotha 124 (1980) 3, 293–296.

[18] Monmonier, M. S.: Cartography, mapping and geographic information (Kartographie, Kartierung und geographische Information). – In: Progr. Human Geogr. – o. O. 7 (1983) 3, 420–428.

[19] Muehrcke, Ph.: Maps in Geography (Karten in der Geographie). In: Cartographica – Ottawa 18, 2 (= Monograph 27) 1981, 1–41.

[20] Neef, E.: Die axiomatischen Grundlagen der Geographie. In: Geogr. Ber. – Gotha 1 (1956) 2, 85–91.

[21] Neef, E.: Die theoretischen Grundlagen der Landschaftslehre. Gotha 1967.

[22] Ogrissek, R.: Kartenredaktion (Stichwort). In: abc Kartenkunde, Leipzig 1983, 298–299.

[23] Sališčev, K. A.: Nationalatlanten. Vorschläge zu ihrer Vervollkommnung. In: Peterm. geogr. Mitt. – Gotha 104 (1960) 1, 77–88.
[24] Sauškin, J. G.: Studien zu Geschichte und Methodologie der geographischen Wissenschaft. Gotha 1978.
[25] Scholz, D.: Theoretische und methodische Probleme der Natur- und Wirtschaftsraumgliederung. In: Wiss. Z. Univ. Halle-Wittenberg, Math.-nat. Reihe – Halle 27 (1979) 5, 105–111.
[26] Siekierska, E.: Towards an Electronic Atlas (Zum Elektronischen Atlas). In: Auto-Carto Six. Cartographica – Toronto 21 (1984) 2/3, 110–120.
[27] Stams, W.: National and Regional Atlases. A bibliographic Survey (National- und Regionalatlanten. Eine bibliographische Übersicht). International Cartographic Association. Enschede 1984.
[28] Usbeck, H.; Regber, R.: Der digitale geographische Datenspeicher des IGG – Informationsbasis für geographische Forschungen zur Territorialstruktur. In: Wiss. Mitt. Inst. f. Geogr. u. Geoökol. AdW DDR – Leipzig 12 (1984), 125–130.
[29] Usbeck, H.; Jesche, I.; Regber, R.: Aufbau eines rechnergestützten geographischen Informationssystems am Institut für Geographie und Geoökologie der Akademie der Wissenschaften der Deutschen Demokratischen Republik. In: Mitt. d. Österreichischen Geogr. Gesell. – Wien 125 (1983), 99–109.
[30] Witt, W.: Ungelöste Probleme in der thematischen Kartographie. In: Internat. Jb. f. Kartographie – Gütersloh 12 (1972), 11–27.
[31] Witt, W.: Thematisch-kartographische Landesaufnahmen und Automation. In: Abh. d. 1. Geogr. Inst. der FU Berlin – Berlin (W) 20 (1974), 399–423.

Edgar Lehmann

Immaterielle Werte in der Geographie und Kartographie – Schlußwort zum Kolloquium

Ich möchte Dank sagen. Ein möglicher Zündpunkt, der Inhalt und Form meines Dankwortes mitbestimmt, möge die Anknüpfung an ein von mir nebenher behandeltes Lieblingsthema sein: die immateriellen Werte unseres Lebens, die auch als Faktoren der Landschafts- und Landesentwicklung eine meist unterschätzte Rolle spielen. Am Beispiel eines Stadtviertels Berlins, meiner Heimat, habe ich zu diesem Phänomen Stellung genommen. Die Blickrichtung auf immaterielle Werte scheint mir als „Aufhänger" für ein Dankeswort geeignet zu sein, weil es sich in beiden Fällen, um randliche Vorgänge handelt. Es mangelt ihnen überdies nicht an verwandter Eigenart. Man denke daran, daß sich auch in der Geographie als Geowissenschaft das Interesse von den Substanzen auf die Beziehungen ausgeweitet hat, in denen sie miteinander stehen, – also auf die Standorte des Arbeitens, Wohnens und Erholens in ihren Lagebeziehungen. Ethisch-soziale Lebenswerte sind in die großen gesellschaftlichen und naturräumlichen Veränderungen verflochten, die sich in den Vorträgen dieses Kolloquiums reflektierten. Ebenso wie in den Vorträgen ist in den Laudationes, gewiß gesteigert durch die Augenblicks-Euphorie eines Festkolloquiums, etwas im wahrsten Sinne Immaterielles verborgen.

Da ist zunächst Ihre Ansprache, Herr Präsident Bahner. Sie spiegelt Ihr Streben als hochangesehener Romanist und Literaturhistoriker, einer humanistischen und zugleich humanisierenden Denk- und Handlungsweise jede Wirkungsmöglichkeit zu öffnen. Daß ich in der SAW an Ihren vielen geistigen und praktischen Aktivitäten teilhaben durfte, sehe ich in Dankbarkeit als eine glückliche Fügung an. Auch meine Generation wurde – wie die Ihre – hineingestellt in ein kompliziertes Netz der verschiedensten gesellschaftlichen Beziehungen und Bedingungen. Es gibt da Unterschiede der Seh- und Denkweise. Sie wirken sich nicht hemmend, sondern, wie ich glaube, förderlich aus. Denn wer auch immer mit Ihnen in näheren Kontakt kommt, der spürt, daß wohl auf allen Altersstufen die menschlichen Begegnungen einen höchst wichtigen Rang in Ihrer Wissenschafts- und Lebensauffassung einnehmen. Das verwischt nicht Generationsgrenzen, sondern macht sie fruchtbar und förderlich. Ihr Blickwinkel ist historisch und aktuell zugleich. Das heißt: Sie halten sich allezeit frei von der Gefahr eines rein pragmatischen, nur auf die Gegenwart gerichteten Vorgehens. Sie gaben und geben als Präsident einer hochangesehenen Akademie der Harmonie und Ausgeglichenheit immer dann den Vorzug, wenn es gilt, das Verhältnis zwischen der Tradition und der naturwissenschaftlich-technisch basierten, sozialistischen Gesellschaft zu festigen. Ich identifiziere mich gern, wie gewiß jedes Mitglied der SAW, mit dem durch Sie und Ihre verehrte Gattin, das Präsidium und alle Mitglieder bewußt geförderten Geist der Ausgeglichenheit – im Sinne eines klaren durchsichtigen Begreifens geschichtlicher Zusammenhänge – und der schwierigen Aufgaben, die für den wissenschaftlichen Fortschritt daraus folgen. Ihre mich ehrende Laudatio und die mir zu meiner großen Freude heute verliehene Drobisch-Medaille ist getragen von der Stimmung eines Jubiläums. Ich verbinde mit meinem Dank die Versicherung, daß ich versuchen werde, in jener rationalistischen Grundhaltung, die Ihr Wesen und Wirken auszeichnet, die freundliche Belichtung meiner Bemühungen in der SAW als ein Mittel zu würdigen, mir eine Geburtstagsfreude zu bereiten.

Dieses Letztere gilt auch für Ihre mich sehr berührende Laudatio, sehr verehrter Herr Vizepräsident Stiller. Die seltene Möglichkeit, zwei auf eine Person zielende Laudationes zu vergleichen, dürfte interessant sein. Es wäre jedoch eine Abwegigkeit, hier den Begriff der Komplementarität anwenden zu wollen. Das wäre gerade das Gegenteil dessen, was Herr Professor Buchheim – in einer übrigens für die SAW charakteristischen, über einen längeren Zeitraum sich hinziehenden, von ihm angeregten und geleiteten Gesprächsrunde über diese auch für die Geowissenschaften so trächtigen Begriff der Komplementarität erzielen wollte.

In der von Ihnen, Herr Vizepräsident Stiller, entscheidend mitgeprägten AdW nimmt jegliche Unternehmung größere Formen als in der SAW an. Das wird auch in Ihren eigenen Forschungen sichtbar, die Sie im Rahmen des von Ihnen ausgebauten, jetzt von Herrn Kautzleben umsichtig geführten Forschungsbereiches „Geo- und Kosmoswissenschaften" erfolgreich – bei aller dienstlichen Belastung – durchführen. Selbstverständlich habe ich versucht, mich aus der geographischen Arbeitsrichtung heraus wie an einem magnetischen Pol an den Zielfunktionen zu orientieren, die zu erreichen sich die große AdW, unter der Leitung ihres Präsidenten, Werner Scheler, durch ihre Forschungsbereiche und nicht zuletzt durch das bisher von Ihrem Vorgänger, Heinrich Scheel, jetzt von Ihnen geleitete Gremium „Plenum und Klassen" zu erfüllen sucht. Alle Klassen der Adw widmen sich neben ihren Grundaufgaben – und von dorther – Umweltproblemen. Es hat mich aber gerade deshalb besonders gefreut, daß Sie in Ihrer Laudatio der jetzt in einen wissenschaftlichen Rat überzuführenden „Umweltklasse" ein hohes Maß an Anerkennung zollten. Sie werden gewiß dafür Sorge tragen, daß die Aktivitäten der Umweltklasse schließlich nicht als verlorene Körnchen verwehten Staubes in die Weltraumkälte des Kosmos gehen.

Die Erde, das Hauptforschungsfeld vieler Geowissenschaften, steht mit dem Kosmos in enger Beziehung. Eine neue Welt ist in unsere Vorstellung gerückt. Das ist auch die Folge der schnell zunehmenden Macht der im Grunde und in erheblichem Ausmaß immateriellen Informationstechnologien. Der neue Dialog mit der Natur gibt zu erkennen, daß selbstverständlich die Substanzen von eminenter Wichtigkeit sind, – daß aber durch das notwendige wirtschaftliche Wachstum und die mit ihm verbundenen, nicht selten irreversiblen Prozesse in den Natur- und Kulturräumen den Geowissenschaften ein noch universalerer Charakter verliehen wird als bisher. Ich lehne persönlich einen universalistischen, scheinbar in das 17. und 18. Jh. zu verbannenden Zug des wissenschaftlichen Verstehens durchaus nicht ab, sondern ich sehe in einem neuen Universalismus eine starke Triebkraft zu einem neuen Weltverständnis! Das ist mit einer Lebenshaltung verbunden, in der sich Entmutigung und Beflügelung miteinander durchkreuzen. Als Geograph ist man zunächst von der Vision des Optischen ergriffen, ist man eigentlich nie ein Egozentriker, wohl aber, wie schließlich jeder Wissenschaftler, ein Dienender und Begeisterter, der dem Immateriell-Landschaftlichen gleichsam insgeheim verhaftet ist. Ich danke Ihnen, Herr Vizepräsident Stiller, in diesem Sinne für Ihre Laudatio.

Was ich im Blick auf die Laudatio von Herrn Vizepräsident Stiller sagte, ist auch Ingredienz dessen, was ich, verehrter Herr Lüdemann, in ein Dankeswort für Ihren Überblick über die unter Ihrer Leitung vollzogene Entwicklung des IGG einflechten möchte. Ich darf nur wenige Akzente setzen. Ihre zielsichere Konzentration auf die von Ihnen genannten Schwerpunkte, die von Ihrer eigenen Leistungsfähigkeit wie der ihrer ganz ausgezeichneten Mitarbeiter geprägt werden, sind die besten Garanten für wesentliche Beiträge der Geographie zum Ganzen der Kultur und Wirtschaft unseres Landes, – zugleich aber für die Notwendigkeit, daß eine breitere wissenschaftliche Öffentlichkeit in Zukunft die Bedeutung, ja die Allgemeingültigkeit geographischer Forschungsergebnisse für sich im ganzen vollen Ausmaß in Anspruch nimmt. Es wird von uns heute bekanntlich eine neue Qualität im Umgang mit der Natur und Wirtschaft gefordert. Das reflektiert sich in Ihren eigenen Forschungsbeiträgen, die sich auf Ihre reichen Erfahrungen in der Territorialplanung stützen, ebenso wie in Ihrem Bestreben, wissenschaftliche Strömungen abwägend zu beurteilen und vor unerläßlichen neuen Organisationsformen nicht zurückzuschrecken. Die Entwicklung des IGG, die Sie erfolgreich förderten, sieht im Rückblick geradezu gefällig aus. Ich wünsche, daß es die Geographie – dank Ihrer Leitung dieser zentralen geographischen Institution unserer Republik – in Zukunft nicht mehr so schwer hat wie bisher, sich das volle Verstehen der mehr isolierenden Wissenschaften zu sichern. Man ist ja ringsum in den Nachbarwissenschaften auf dem besten Weg, der Komplexität geographischer Erkenntnisse einen ständig steigenden Stellenwert beizumessen. Karten sind in diesem Zusammenhang die besten Mittel der Überzeugung und Einsicht – so wie die von Ihnen geförderte heilsame Einbeziehung der Mathematik nicht nur die Glaubwürdigkeit, sondern auch die schnellere und exaktere Handhabung geographischer Erkenntnisse sichert. Der immaterielle Faktor, der in den computergestützten raumbezogenen Informationssystemen steckt, sei im Zeichen des Dankes für Ihre Ausführungen nicht übersehen.

Dieser Faktor ist auch, wenn auch unausgesprochen, in den komplizierten regionischen Zusammenhängen wirksam, die Sie, verehrter Herr Mohs, uns in geraffter Kürze vor Augen führten! So wichtig und notwendig die oft betonte Steigerung des Bruttosozialprodukts ist, deutlich zeichnet sich international eine Entwicklung ab, in der etwas erheblich Immaterielles, – nämlich die gesellschaftliche und naturwissenschaftliche Information und Kommunikation die entscheidenden Faktoren sind. Sie haben, Herr Mohs, in Ihren frühen grundlegenden Arbeiten zur Ballungsproblematik auf die Bedeutung von Synthesen gewiesen, die durch das allmähliche Schwinden von vertieften Einsichten in die Regionen der Erde aus der Sicht kam! Die Lebensleistungen eines Humboldt und Ritter, eines Ratzel und Richthofen bis hin zu Norbert Krebs, meinem unvergeßlichen Lehrer, wurden immer weniger wirksam. Es lag ganz logisch in der Konsequenz einer zergliedernd verfahrenden Weltsicht, daß selbst der große Albrecht Penck die Geographie einseitig als die Lehre von der Erdoberfläche definierte. Aber der Zug zur Synthese verkümmerte nicht gänzlich und erweist sich heute in einer grundlegend veränderten Wirklichkeitsperspektive geradezu als Notwendigkeit. Denn, wie Sie, Herr Mohs, betonten: neben der zweiglichen Standortverteilung der Produktivkräfte muß ihre gebietliche Komposition untersucht werden. Dahinter wirkt Ihre Auffassung von der Region als System, ohne dessen methodische Anwendung auf der Grundlage höchst differenzierter analytischer Untersuchungen – unter Einbeziehung vorläufig nichtmeßbarer, immaterieller Werte – eine Synthese wesentlich erleichtert, zum Teil überhaupt erst ermöglicht wird.

Die konzeptionelle Bedeutung, die Prof. Mohs einer regional orientierten Prozeßforschung beimißt, führt nahe heran an das von Herrn Dr. Hubrich und Herrn Benedict fixierte Hochziel, Probleme wie komplexe Wechselbeziehungen und Rückkopplungen zwischen ökonomischen und ökologischen Prozessen mit Hilfe der Systemanalyse und Simulationsmodellen zu klären und, wenn möglich, in Karten als Ausgangsbasis für weitere Untersuchungen zu demonstrieren. Der Zustand eines durch menschliche Aktivitäten veränderten Naturraumes, wie ihn uns Herr Dr. Hubrich vorstellte, stellt sich als ein autonomer Prozeß dar, „in den wir modifizierend eingreifen können, dessen eigenes Entwicklungstempo wir jedoch unbedingt respektieren müssen." Die naturräumliche Basiskarte, über die Dr. Hubrich scharf präzisierend sprach, ist ein bedeutendes Interpretationsmittel – nicht zuletzt deshalb, weil es sich auch in der Natur um die Erkundung lokal oder regional begrenzter Prozesse handelt. Es gibt keine Basiskarte und somit kein Modell, das universale Legitimation beanspruchen könnte. Das mindert keineswegs die Bedeutung der speziellen Untersuchungen, die Dr. Hubrich in den Mittelpunkt seines Vortrages stellte. Im Gegenteil. Die von Dr. Hubrich herausgestellten Erkenntnisse zeigen, wie die Geoökologie per definitionem die Grenzen des naturwissenschaftlichen Arbeitsfeldes überschreitet, um letzten Sinnes gesellschaftliches, in mancher Hinsicht immaterielles Verhalten zu umschließen.

Gestatten Sie mir, im Blick auf den Vortrag von Herrn Benedict, zum Schluß noch ein erläuterndes Wort. Ich bin, geowissenschaftlich gesprochen, überzeugt, daß eine übertriebene, häufig zu beobachtende Anthropozentrik, – also ein bloßer linearer Umgestaltungswille den Boden unter den Füßen verliert, wenn das eigene Denken, Fühlen und Handeln nicht universal eingebettet ist in eine Harmonie des Menschen mit seinesgleichen und den Landschaften, in denen er lebt.

Nie war die Herausforderung zu einer solchen, nur im ersten Augenblick utopisch scheinenden, harmonischen und zugleich universalen Lebenshaltung größer als heute, wo dank der modernen Technik Eingriffe in die Physis unserer Lebensumwelt möglich sind, die zu unserem Nachteil schwer gefährdet wird, wenn wir den zeitlichen eigenen Rythmus der Natur – im Sinne einer harmonischen Entwicklung von Natur und Gesellschaft nicht scharf im Auge behalten! Wahrnehmen ist Denken, bemerkte ein hervorragender Kunsthistoriker unserer Zeit, Jürgen Weber. Rudi Ogrissek bezog im Rahmen seiner kartentheoretischen Untersuchungen vom kartographisch-psychologischen Standort aus eine verwandte Position. Herr Benedict zeigte, noch einen Schritt weitergehend, in seinem ausgezeichneten, von Herrn Professor Krönert und Herrn Margraf unterstützten Vortrag, daß ohne anschauliches Denken eine visuelle, immaterielle Werte durchaus einbeziehende, kartographische Kommunikation und Information nicht voll wirksam werden kann. Was außerhalb der Datenbänke bleibt und erst durch den Zusammenhang der kartographischen Zeichen, die ja nicht nur für konkrete Dinge stehen, sondern zugleich Knotenpunkte immaterieller, raumbildender Lagebeziehungen darstellen, – das spielt bei der adäquaten Widerspiegelung des geographischen Raumes eine bedeutsame Rolle. Mit anderen Worten: der Aufbau einer thematischen Karte auf rationalem und logischem Wege mittels wissenschaftlicher Begriffe, die die unabdingbaren tragenden Elemente jedes Kartenentwurfs sind, ist geistig, d. h. antizipatorisch-immateriell vorweggenommen durch Wahrnehmungen, die auf Erfahrungen beruhen und sich zu vereinfachten Schemenvorstellungen verdichten. Das Anschauliche verbindet sich mit dem Rationalen, es geht ihm beim Entwurf einer thematischen Karte nicht selten voraus. Fast jede Karte des „Atlas DDR", an dessen Bearbeitung Herr Benedict einen bedeutenden Anteil hat, ist hierfür ein Zeugnis.

Vergessen wir es auch nicht: die Kartographie stand zur Zeit des vielleicht universalsten Menschen der Renaissance, des Malers, Architekten und Mathematikers Leonardo da Vinci, mit der Kunst in engstem Kontakt: Und das

Lebenswerk des großen Schweizer Kartographen unserer Gegenwart, Eduard Imhof, trägt einen unübersehbaren künstlerischen Zug. So sollten Karten, sofern sie nicht in erster Linie als höchst wirksame Forschungsmittel geschaffen werden, auch dem Harmoniestreben des Menschen und seinem Sinn für Schönheit entsprechen.

Ich komme zum Schluß meines Dankeswortes und ich stelle fest: es will Abend werden. Es möchte ein schöner Lebensabend sein, an dem die Stunden wissenschaftlicher Arbeit meiner besonderen Dankbarkeit sicher sind. Wie es so geht, es werden hier und heute viele Erinnerungen wach. Wenn man den Inbegriff der Erinnerungen, die sich an einem solchen Geburtstagsjubiläum in der wissenschaftlichen Retrospektive einstellen, gleichsam in einem Hauptbegriff zu fassen versuchte, so ist das von Anbeginn angesichts der Vielfalt akademischer Ereignisse und Begegnungen zum Scheitern verurteilt. Aber wie man es auch drehen und wenden mag: hinter jedem wissenschaftlichen Erleben steht ganz am Rande im Lebensgang eines Wissenschaftlers etwas schwer Bestimmbares: es ist das umschriebene Immaterielle.

Autorenverzeichnis

Bahner, Werner, Präsident der Sächsischen Akademie der Wissenschaften zu Leipzig, Vizepräsident und Ordentliches Mitglied der Akademie der Wissenschaften der DDR

Benedict, Ernst, Dipl.-Geogr., Institut für Geographie und Geoökologie der Akademie der Wissenschaften der DDR

Hubrich, Heinz, Dr. sc. nat., Institut für Geographie und Geoökologie

Lehmann, Edgar, Ordentliches Mitglied der Akademie der Wissenschaften der DDR und der Sächsischen Akademie der Wissenschaften zu Leipzig

Lüdemann, Heinz, Prof. Dr. sc. nat., Direktor des Instituts für Geographie und Geoökologie

Mohs, Gerhard, Prof. Dr. sc. nat., Institut für Geographie und Geoökologie

Mundt, Wolfgang, Korrespondierendes Mitglied der Akademie der Wissenschaften der DDR

Stiller, Heinz, Vizepräsident und Ordentliches Mitglied der Akademie der Wissenschaften der DDR

ISBN 3–05–500 210–1212–1
ISSN 0138–3965

FSC
www.fsc.org
MIX
Papier | Fördert gute Waldnutzung
FSC® C083411

Kolibri 360 GmbH
Ferdinand-Jühlke-Straße 7
99095 Erfurt, Deutschland
produktsicherheit@kolibri360.de